乡村振兴 RURAL REVITALIZATION

"三农"培训精品教材

马铃薯脱毒种薯及大田生产技术

● 杜桂霞　张金明　主编

U0306804

中国农业科学技术出版社

图书在版编目（CIP）数据

马铃薯脱毒种薯及大田生产技术／杜桂霞，张金明主编．--北京：中国农业科学技术出版社，2024.2

ISBN 978-7-5116-6715-1

Ⅰ.①马… Ⅱ.①杜…②张… Ⅲ.①马铃薯-脱毒②马铃薯-栽培技术 Ⅳ.①S532

中国国家版本馆 CIP 数据核字（2024）第 040796 号

责任编辑	周　朋
责任校对	王　彦
责任印制	姜义伟　王思文

出　版　者	中国农业科学技术出版社
	北京市中关村南大街 12 号　　邮编：100081
电　　　话	（010）82106631（编辑室）　　（010）82106624（发行部）
	（010）82109709（读者服务部）
网　　　址	https://castp.caas.cn
经　销　者	各地新华书店
印　刷　者	中煤（北京）印务有限公司
开　　　本	140 mm×203 mm　1/32
印　　　张	5.625
字　　　数	146 千字
版　　　次	2024 年 2 月第 1 版　2024 年 2 月第 1 次印刷
定　　　价	36.80 元

前　　言

马铃薯具有适应性强、营养丰富等特点。近年来，马铃薯产业得到了不断壮大和发展，然而，在马铃薯生产过程中，脱毒种薯繁育、大田提质增效措施应用、加工增值方面还存在不少问题，如产量低、品质差、产业链不完善等，严重制约产业的可持续发展。如何提高其产量和品质，满足人们对马铃薯不断增加的需求，巩固拓展脱贫攻坚成果同乡村振兴有效衔接，已成为目前亟待解决的问题。

甘肃省是中国马铃薯主产区，是全国最大的脱毒种薯繁育基地和重要商品薯生产基地，马铃薯是其六大产业之一。陇南市种子管理总站是甘肃陇南马铃薯产业的技术牵头单位，近年来，其团队积极实施省、市马铃薯科技计划以及重点人才、农业项目，积累了不少经验，取得了一定成绩，登记育成马铃薯新品种一个，获国家实用新型专利一项，获甘肃省科技进步奖、甘肃省农牧渔业丰收奖数项，先后获评省、市农业科技推广工作先进集体。团队负责人先后荣获全国农牧渔业丰收奖农业技术推广成果奖、贡献奖，并被评为全国农业农村先进工作者，享受国务院政府特殊津贴。为加快马铃薯良种良法集成应用，促进马铃薯产业提质增效，陇南市种子管理总站针对当前马铃薯技术资料偏少、培训教材不多的实际，组织编写了本书。

本书结合马铃薯生产现状，以马铃薯脱毒种薯生产、大田栽培技术、精深加工技术等为主进行编写。全书分为九章，包括马铃薯概述、马铃薯的生物学特性、马铃薯病毒及脱毒技术、马铃薯脱毒种薯繁育技术、马铃薯种薯收获与贮藏技术、马铃薯大田生产技术、马铃薯主要生产技术模式、马铃薯病虫草害防治技术、马铃薯精深加工技术。本书内容丰富、语言通俗、结构清晰、技术先进实用、可操作性强，对于当前和今后马铃薯生产具有较好的指导作用。

由于时间仓促，水平有限，书中难免存在瑕疵和不足，欢迎广大读者批评指正！

编　者

2023 年 10 月

目　　录

第一章　马铃薯概述

第一节　马铃薯的植物学分类

马铃薯（*Solanum tuberosum* L.），因酷似马铃铛而得名，英文名为 potato，别名土豆、洋芋、洋番薯、山药蛋等，一年生草本植物。地上茎呈菱形，有毛。叶片初生时为单叶，逐渐生长成奇数不相等羽状复叶，大小相间，呈卵形至长圆形；伞房花序生长在顶部，花为白色或蓝紫色；果实为浆果；块茎扁圆形或球形，无毛或被疏柔毛；薯皮白色、淡红色或紫色；薯肉有白色、淡黄色、黄色等；花期夏季。马铃薯是人们日常饮食中重要的粮食作物之一，在全球范围内广泛栽培。

一、界：植物界（Plantae）

植物界是生物界中的一个大类群，包括藻类、菌类、地衣、苔藓、蕨类和种子植物。植物界生物的特点是具有细胞壁和叶绿体，能够进行光合作用。马铃薯是种子植物。

二、门：被子植物门（Angiospermae）

马铃薯属于被子植物门。被子植物门是植物界中最大的门。被子植物的特点是具有种子和花，种子在果实中形成。

三、纲：双子叶植物纲（Magnoliopsida）

马铃薯属于双子叶植物纲。双子叶植物纲是被子植物门中的大纲。双子叶植物的特点：主根发达，茎内维管束排列成圆筒状，有形成层保持分裂能力，茎能加粗。花部常为5数或4数，少部分为多数。叶脉多为网状脉。

四、目：管状花目（Tubiflorae）

马铃薯属于管状花目。管状花目植物大多为草本，也有灌木、乔木或木质藤本。心皮2枚，花整齐，或两侧对称裂片覆瓦状排列，雄蕊自花冠筒上部生出；叶对生或互生，不具托叶。茄科是这一目比较原始的类型的代表，果实多为浆果。

五、科：茄科（Solanaceae Juss.）

马铃薯属于茄科。茄科是管状花目中的一个科，其特点是花瓣一般是5片，并且植株具有有毒成分。

六、属：茄属（*Solanum L.*）

马铃薯属于茄属。茄属是茄科中的一个属，包括了马铃薯和番茄等植物。茄属的特点是植株多为草本，有刺，果实为浆果。

七、种：马铃薯（*Solanum tuberosum L.*）

马铃薯是茄属中的一种植物，特点是具有块茎，可食用。马铃薯是世界上重要的粮食作物之一，其块茎富含淀粉和多种维生素等营养物质。

第二节　马铃薯的种植历史

马铃薯原产热带美洲的山地，16 世纪传到印度，继而传到中国，现广泛种植于全球温带地区。马铃薯喜冷凉干燥气候，适应性较强，种植以疏松肥沃砂质土为宜，生长周期短而产量高。因种子繁殖会导致性状分离，所以马铃薯最常用的繁殖方式是无性块茎繁殖。

马铃薯的人工栽培最早可追溯到约公元前 8000—公元前 5000 年。美国威斯康星大学发起一项研究，通过在 350 种不同的马铃薯上使用遗传标记，最终确定全世界的马铃薯都起源于秘鲁南部，逐渐向南美北部和南部传播出来。随着西班牙征服印加帝国，马铃薯在 16 世纪下半叶被西班牙人带回到欧洲传播开来。然后再被欧洲的探险者和殖民者带到世界各地。马铃薯被传入欧洲的早期，它的消耗量并不是很大，甚至很长时间都被作为奇花异草观赏。到 19 世纪欧洲人口膨胀时，马铃薯已经成为重要的食物和农作物。根据保守估计，马铃薯的引进在 1700—1900 年间至少对旧大陆 1/4 的人口增长作了贡献，并促进了欧洲的城市化过程。1845—1848 年间，一场名为 "马铃薯晚疫病"（potato late blight）的瘟疫袭击了欧洲的马铃薯种植业，爱尔兰受灾最重，导致大饥荒，至少有 100 万人因此死亡，超过 200 万的爱尔兰人出逃，其中大约 3/4 移民到了美国。如果马铃薯没有去欧洲，或许就不会有这场大迁徙，更不会有今天的美国。德国女作家苏珊娜·保尔森在《吃太阳的家伙》一书中认为，马铃薯的价值在于创造了历史，进而影响了人类文明的进程。

马铃薯 17 世纪（明代）传入中国，是目前比较权威的说法。考古研究发现了东南、西北、南路、海路 4 条主要路径。其中，东南路径是在中国台湾的荷兰人将其推广到了广东、福建，继而传播到了江浙地区；西北路径是晋商在与俄罗斯、哈萨克的贸易往来中引进；南路是由在南洋做生意的中国人将其带回了广东和广西，之后又向云贵地区推广；海路是因为明代的海上贸易发达，其极有可能随着商船来到中国。

马铃薯对于清政府意义重大，清代人口数量急剧增长，中国已成为一个人多地少的国家，正是有了美洲等地外来农作物的传入，有效地解决了老百姓的吃饭问题。在诸多作物中，马铃薯可以适应更贫瘠、更寒冷、更干旱、海拔更高、坡度更陡的地方，而且不用担心鸟类偷食，表现最佳。在马铃薯广泛种植的乾隆中期以后，中国人口从乾隆六年（1741 年）的 1.4 亿，几乎是直线上升到道光三十年（1850 年）前所未有的顶峰 4.3 亿，100 年多一点的时间里，人口增加了 2 倍多，但同期全国耕地面积只增加了 26%。要是没有马铃薯以及玉米、甘薯帮忙，无论大清皇帝们如何"圣明"，只怕也是难为无米之炊。据考，《房县志》（1788 年）是记载马铃薯的最早文献，其"物产·救荒类"中提到"远山有赖可以为粮者"："洋芋、花荞、需有谷、乱草谷，若逢六七月大旱，则山中以上四物大收。"此处仅提及名称而无形状描述，主要用于救灾。据记载，乾隆五十三年（1788 年），荆州城洪水暴发，房县至荆州走驿道应该在两日之内，使马铃薯用于救灾是完全有可能的。后同治年间新修《房县志》（1865 年）"物产·蔬类"的"洋芋"条："洋芋产西南山中。房近城一带有稻田，浅山中多包谷，至山深处包谷不多得，惟烧洋芋为食。形似白薯而圆，大者如拳，小者如鸡蛋、如枣栗。近则有力之家多收芋、稞以为粉，亦间有积以致富者。""包谷"即玉米，"白薯"即甘薯。"洋芋"，可以烧食，可以为粉，可见这就是今天的马铃薯。

第三节 马铃薯的食用价值

一、营养价值

马铃薯被称为"十全十美"的营养产品，富含膳食纤维，脂肪含量低，有利于控制体重增长，以及预防高血压、高胆固醇与糖尿病等。马铃薯块茎含有多种维生素和无机盐，可防止坏血病，刺激造血机能。无机盐对人的健康和幼儿发育成长都是不可缺少的元素，有利于保护心脑血管健康，促进全身健康。马铃薯丰富的维生素C（抗坏血酸）含量远远超过粮食作物，其较高的蛋白质、糖类含量也大大超过一般蔬菜。马铃薯营养元素齐全、结构合理，尤其是蛋白质分子氨基酸组成比例与人体的基本一致，被人体吸收利用率几乎高达100%。

二、药用价值

马铃薯味甘，性平，归胃、大肠经，有益气、健脾、和胃、解毒、消肿等功效，可以预防和治疗多种疾病，还有解毒、消炎之功效。

（一）预防心血管疾病

马铃薯中含有丰富的B族维生素和优质纤维素，对延缓人体衰老有重要作用，其富含的膳食纤维有助于防治消化道癌症和控制血液中胆固醇的含量。马铃薯也富含钾，钾在人体中维持细胞的渗透压，参与能量代谢过程，因此经常吃马铃薯，可防止动脉粥样硬化。

马铃薯中含有降血压的成分，能阻断血管紧张素Ⅰ转化为血管紧张素Ⅱ，并能使具有血管活性作用的血管紧张素Ⅱ的血浆水平下降，使周围血管舒张，血压下降。

（二）减肥

吃马铃薯不必担心脂肪过剩，因为它只含有约0.2%的脂肪，每天多吃马铃薯可以减少脂肪的摄入，使体内多余的脂肪渐渐被代谢掉。意大利、西班牙、美国、加拿大、俄罗斯等国先后涌现出了一批风味独特的马铃薯食疗餐厅，以满足健美减肥人士的日常需求。

（三）养胃、通便

中医认为，马铃薯能和胃调中、健脾益气，对治疗胃溃疡、习惯性便秘等疾病大有裨益。马铃薯中的粗纤维，也可以起到润肠通便的作用。

特别要注意，发芽的马铃薯和变绿的马铃薯都不能吃，它们含有大量的龙葵素，有毒，而且加热也不能去除。

第四节　马铃薯生产现状

马铃薯作为世界主要粮食作物，全球有158个国家种植，13亿人以马铃薯为主粮。我国马铃薯播种面积目前稳定在1.5亿亩以上，生产量和消费量多年稳居世界第一。主产区主要分布在西南山区、西北地区、内蒙古和东北三省，近年来，西北、西南主产区域规模进一步扩大，面积已占到全国的近70%。其中以西南山区的播种面积最大，约占全国的1/3。我国30个国家乡村振兴重点帮扶县、549个原国家级贫困县都是以马铃薯为主导产业，当地农民收入的1/3来自马铃薯。中国农业科学院蔬菜花卉研究所马铃薯室副主任、国家现代农业马铃薯产业技术体系首席科学家金黎平，从事马铃薯科研30多年，育成18个中薯系列新品种，科技助力产业扶贫，足迹遍布集中连片特困区和"三区三州"深度贫困区的马铃薯主产县，让"土蛋蛋"真正变成了"金疙瘩"，成为实现马铃薯产业高质量发展的必由之路。近年来，国家支持建立马铃薯产业技术体系，开展马铃薯全产业链关键环节共性关键技术研发，推动生产过程机械化、智能化。统筹推进初加工、精深加工和综合利用加工，目前已开发6个系列300多种马铃薯主食产品，有100多个系列的加工产品。各地也积极发展马铃薯加工体验、薯地观光等新业态，拓展线上线下消费模式，全产业链提升马铃薯效益。同时，通过订单产业、保底价收购、龙头企业+合作社+农户等方式，引导企业同种植主体建立利益联结机制，让农民共享产业发展成果。马铃薯产业发展对保障国家粮食安全、巩固脱贫攻坚成果和推进乡村全面振兴重要作用凸显。

目前，我国马铃薯平均亩[①]产不及荷兰的一半，与国际平均水平也存在差距，主要原因是脱毒种薯的应用率不高（60%~70%），大田生产的一些关键技术未能很好组装配套。

马铃薯是甘肃省六大产业之一，定西市已成为中国马铃薯三大主产区之一和中国最大的脱毒种薯繁育基地、中国重要的商品薯生产基地和薯制品加工基地，被誉为"中国马铃薯之乡"，近年来，深入实施种业振兴行动，开展"卡脖子"技术攻关，重点提升原原种雾培法、水培法等脱毒种薯生产技术。2022年，甘肃省马铃薯产业全产业链产值达到340亿元，农民人均产业收入达到1 700元，其中优势产区农民人均产业收入超过2 200元。2023年，全省马铃薯种薯生产面积达到47万亩，其中原种繁育面积达到22万亩，可生产原原种14亿粒以上。

---

① 1亩≈667米²，全书同。

第五节　马铃薯生产的意义

马铃薯耐寒、耐旱、耐瘠薄，适应性广，属于"省水、省肥、省药、省劲儿"的"四省"作物，目前已经成为世界头号非谷类粮食，在世界粮食安全、减少贫困、降低地球淡水资源消耗等方面发挥着日益关键的作用。一亩马铃薯的产量，相当于两亩玉米、四亩水稻、五亩小麦，而马铃薯一生的耗水量，只有水稻的1/10、玉米的1/8、小麦的1/6，与稻、麦、玉米相比，马铃薯全粉更耐保存，在常温下可以储藏15年以上，有些国家已把马铃薯全粉列为了战略储备粮。国际马铃薯研究中心副主任、亚太中心主任卢肖平在演讲中说，世界已有2/3的人口将马铃薯作为主粮，在欧美国家马铃薯人均年消费达85千克。

一、历史意义

清代中叶后，中国人口骤增，对粮食的需求也与日俱增。面临巨大的人口压力与粮食危机，人们开始寻求水稻、小麦等传统作物的替代品，来自美洲大陆的马铃薯便被纳入考虑的范围。所幸，马铃薯的表现并未令人失望，它不但很快适应了复杂的自然环境，而且产量颇高，远超一般高原作物。马铃薯的推广虽源于人口膨胀所导致的粮食危机，但随着其种植面积的日渐扩大及产量的大幅度提高，反过来也促进了人口的进一步增长，在维护社会稳定上发挥了重要作用。同时，拓展了农业界限，提高了土地利用率。

二、现实意义

2015年1月7日，农业部召开"马铃薯主粮化战略研讨会"，强化了马铃薯在我国农作物生产结构中的地位，开启了马铃薯的主食化之路，对农业经济结构及社会饮食习惯产生了深远影响，为新形势下我国粮食安全可持续发展提供了新的解决方案。

（一）具有经济价值

马铃薯是一种含有丰富淀粉、蛋白质、纤维素和多种维生素的作物。它可以用于食品加工，制作成各种可口的美食，同时也是家畜饲料的重要原料。此外，马铃薯的产量稳定性也很高，即使在灾害和气候异常的情况下，它的产量也不会像其他作物那样受到太大影响，具有较高的经济价值。

（二）具有生态价值

在越来越注重环保的当代，马铃薯，尤其是脱毒种薯，不需要过多的农药、化肥等化学物质的使用，其种植对环境的破坏较小，能够更好地保护农田生态平衡，保障土壤的健康和生产效益。另外，马铃薯具有很强的耐寒性、适应性，对于一些没有灌溉条件、土地质量较差、气候环境恶劣的地区，它是一种理想的种植作物，有利于改善农民的生计条件。

（三）促进农民增收

随着城市化、工业化的快速发展，农民对于转型的需求增加。作为一种经济、环保、生态作物，马铃薯在农村地区，特别是在经济欠发达地区种植，能够给农民带来较好收益。在农村副业带动方面也很有潜力。马铃薯产品包括商品薯和种薯，后者具有更高的经济价值和显著的比较效益。我国海拔1 800米以上高原山地和冷凉地区，适宜种植的作物种类少，但这些地区自然隔离条件好，马铃薯种性退化慢，是繁育种薯的理想地区。

（四）促进产业发展

马铃薯种植除了帮助农民增收，同时也促进了食品产业的发展。以马铃薯为原材料，可加工成各种速冻方便食品和休闲食品，如脱水制品、油炸薯片、速冻薯条、膨化食品等，同时还可深加工成果葡糖浆、柠檬酸、可生物降解塑料、黏合剂、增强剂及医药上的多种添加剂等。马铃薯淀粉在世界市场上比玉米淀粉更有竞争力，马铃薯高产国家将大约总产量的40%用于淀粉加工，全世界淀粉产量的25%来自马铃薯。与其他作物的淀粉相比，马铃薯淀粉糊化度高、糊化温度低、透明度好、黏结力强、拉伸性大。马铃薯深加工产品（淀粉、全粉、变性淀粉及其衍生物）为食品、医药、化工、石油、纺织、造纸、农业、建材等行业提供了大量丰富的原材料。此外，马铃薯的种植还有利于区域优势的形成，促进农村经济发展。

（五）保障粮食安全

马铃薯可利用南方的冬闲田，以及西南、西北高寒阴湿区、干旱区生产，产量较高，可作为主食，且不与三大主粮争地，有利于缓解资源环境压力，实现农业的可持续发展。2023年10月24日闭幕的十四届全国人大常委会第六次会议，对《中华人民共和国粮食安全保障法（草案）》第二次审议稿进行了审议，将马铃薯作为杂粮列入粮食定义。此举有助于引导农民调整种植结构，提高种粮收入，有助于引导消费者合理扩大薯类消费，改善全民营养健康，更有利于我国粮食安全保障体系的完善和优化，确保国家粮食安全。

第二章　马铃薯的生物学特性

第一节　马铃薯的形态特征

马铃薯是茄科茄属一年生草本植物，生产上大多数是利用其块茎进行无性繁殖，因此，又可以看作是多年生的植物。

一、根

马铃薯的根是吸收营养和水分的器官，同时还有固定植株的作用。

马铃薯根系因繁殖方法不同而不同。用马铃薯种子繁殖形成的根系为直根系，有明显的主根和分枝的侧根；用马铃薯块茎繁殖所形成的根系没有主根与侧根的区别，为须根系。须根系分为两类。一类是初生长芽的基部靠种薯处，在第 3~4 节上密集长出的不定根，叫作芽眼根。它们生长得早，分枝能力强，分布广，是马铃薯的主体根系。虽然是先出芽后生根，但根比芽长得快，在薯苗出土前就能形成大量的根群，薯苗靠这些根的根毛吸收养分和水分。另一类是在地下茎的中上部节上长出的不定根，叫作匍匐根。有的在幼苗出土前就生成了，也有的在幼苗生长过程中培土后陆续生长出来。匍匐根都在土壤表层，很短并很少有分枝，但吸收磷素的能力很强，并能在很短时间内把吸收的磷素输送到地上部的茎叶中去。

马铃薯属于浅根系农作物，马铃薯的根系大部分分布在土壤耕作层中，即土表 30 厘米左右。根系的入土深度，早熟品种一般较中、晚熟品种的浅，分布的范围也较小。土质和栽培条件也直接影响根系的分布与入土深度。

二、茎

马铃薯的茎分为地上茎和地下茎。

（一）地上茎

从地面向上的主干和分枝，统称为地上茎，是由种薯芽眼萌发的幼芽发育成的枝条，茎上有节，节部着生枝、叶。其作用一是支撑植株上的分枝和叶片，二是把根系吸收的无机营养物和水分运送到叶片，再把叶片光合作用制造的有机营养物向下运输到块茎。地上茎的分枝是从节部的叶腋伸出，多数品种的茎上有翼棱，翼棱的曲直、大小因品种而异。茎上的节大部分坚实而膨大，节间大多中空。有的茎为绿色，有的茎带紫褐色斑纹，因品种而异。其高度一般是 30~100 厘米，早熟品种的地上茎比晚熟品种的矮。在栽培品种中，一般地上茎都是直立型或半直立型，很少见到匍匐型，只是在生长后期，因茎秆长高而会出现蔓状倒伏。

（二）地下茎

地下茎包括匍匐茎和块茎，是种薯发芽生长的枝条埋在土里的部分，下部茎为白色，靠近地表处稍有绿色或褐色，成熟时多变为褐色。地下茎节间非常短，一般有 6~8 个节，在节上长有匍匐根和匍匐茎。地下茎长度因播种深度和生长期培土厚度的不同而有所不同，一般在 10 厘米左右。如果播种深度和培土厚度增加，地下茎的长度也随之增加。

1. 匍匐茎

匍匐茎是生长块茎的地方，它的尖端膨大就长成了块茎。叶片制造的有机物通过匍匐茎输送到块茎里。匍匐茎由地下茎节上的腋芽长成，实际是茎在土壤里的分枝，所以也有人管它叫匍匐枝。一般是白色，在地下土壤表层呈水平方向生长。早熟品种幼苗长到 5~7 片叶、晚熟品种幼苗长到 8~10 片叶时，地下茎节就开始生长匍匐茎。匍匐茎的长度一般为 3~10 厘米。匍匐茎短的结薯集中，过长的结薯分散。它的长度因品种不同而异，早熟品种的匍匐茎短于晚熟品种的匍匐茎。一般 1 个主茎上能长出 4~8 个匍匐茎。

2. 块茎

块茎就是通常所说的薯块。它是马铃薯的营养器官，是贮存营养物质的"仓库"，叶片所制造的营养物质绝大部分都贮藏在块茎里。人们种植马铃薯的最终目标就是要收获高产量的块茎。同时块茎又能以无性繁殖的方式繁衍后代，且能够保证性状稳定，所以在生产上使用块茎作为播种材料，用作播种的块茎又称种薯。马铃薯的块茎是由匍匐茎尖端膨大形成的一个短缩而肥大的变态茎，具有地上茎的一些特征。但块茎没有叶绿体，表皮有白、黄、红、紫、褐等不同颜色。皮里是薯肉，营养物质就贮藏在这里，薯肉因品种不同而有白色或黄色之分。块茎上有芽眼，相当于地上茎节上的腋芽，芽眼由芽眉和 1 个主芽及 2 个以上副芽组成。

三、叶

马铃薯的初生叶为单叶，全缘。随植株的生长，逐渐形成奇数不相等的羽状复叶。小叶常大小相间，长 10~20 厘米；叶柄长 2.5~5 厘米；小叶，6~8 对，卵形至长圆形，最大者长可达 6 厘米，宽达 3.2 厘米，最小者长宽均不及 1 厘米，先端尖，基部稍不相等，两面均被白色疏柔毛，侧脉每边 6~7 条，先端略弯，小叶柄长 1~8 毫米。

四、花

马铃薯为伞房花序顶生，后侧生。花芽由顶芽分化而成，花柄的上部有一圈明显突起，是花蕾脱落的离层，称为离层环。花冠合瓣，五角形，花白色、浅紫色、紫色、紫红色或蓝紫色。萼钟形，直径约1厘米，外面被疏柔毛，5裂，裂片披针形，先端长渐尖；花冠辐状，直径2.5~3厘米，花冠筒隐于萼内，长约2毫米，冠檐长约1.5厘米，裂片5，三角形，长约5毫米；雌蕊1枚，着生在5枚雄蕊当中，个别雄蕊也有6枚或7枚的。每朵花有小花梗，着生在花序的分枝上，每个分枝着生2~4朵花。每朵花开花时间为3~5天，每个花序开花持续15~30天，一般在8：00开花，18：00左右闭花。早熟品种开花少，一般开花1层，花期较短，侧枝花蕾早期脱落。中晚熟品种开花较多，花期较长，除主枝开花外，侧枝也开花，一般开花2~3层。马铃薯是自花授粉作物，但由于柱头与花粉成熟期不同或花粉发育不良，能天然结果的品种较少。

花冠基部或子房横断面有红色素或紫色素时，其块茎也是有色的，可以通过花鉴定块茎的皮色。雄蕊的颜色及雌蕊花柱的长度、直立或弯曲和柱头的形状可识别品种的特征。

五、果实和种子

马铃薯的果实是开花授粉后由子房膨大而形成的浆果。果实有圆形、椭圆形，皮色绿色、褐色或紫色，一般有100~250粒种子，种子肾形、黄色。坐果1个多月后，成熟时果皮由绿色变成黄白色或白色，果壳由硬变软。马铃薯的种子很小，一般千粒重只有0.3~0.6克，种子的休眠期一般长达6个月，果实里的种子叫实生种子，播种后长出的幼苗叫实生苗，结的块茎叫实生薯。马铃薯的果实与种子是马铃薯进行有性繁殖的唯一器官。由于实生种子在有性繁殖过程中，能够排除一些病毒，所以在有保护措施的条件下，用实生种子繁殖的种薯可以不带病毒。20世纪90年代以来，利用实生种子生产种薯已经成为防止马铃薯退化的一项有效措施。

第二节　马铃薯的生长发育特性

一、生育特性

（一）喜凉特性

马铃薯性喜冷凉，不耐高温，特别是在结薯期，温度太高会影响块茎膨大，这是因为在夜间温度较低时，叶片中的有机光合产物才能大量地输送到块茎里。

（二）分枝特性

马铃薯的地上茎、地下茎（匍匐茎和块茎）都有分枝的能力。地上茎分枝保证了光合器官量维持在较高的水平，从而保证光合产物的制造，满足块茎膨大对同化产物的需求；地下茎（匍匐茎和块茎）的分枝习性，为多生块茎、提高产量提供了基本保障。利用这一特性，采取合理的栽培技术和管理措施增加单株结薯量（数量和重量）是提高产量的理论基础。

（三）再生特性

马铃薯的主茎或分枝，在一定的条件下满足它对水分、温度和空气的要求，下部茎上就能长出新根，上部茎的叶芽也能长成新的植株。这一特性对于马铃薯抵御自然灾害能力具有突出的意义。生产上可以通过育芽掰苗移栽、剪枝扦插和压蔓等方法来扩大繁殖系数，加快新品种的推广力度。

二、生育时期

马铃薯一般是从薯块到薯块的无性生长过程。生育期可分为休眠期、发芽期、幼苗期、发棵期、结薯期和成熟期。

(一) 休眠期

休眠是生长和代谢的停滞状态。马铃薯属生理性休眠，收获后的块茎在适宜生长条件下很长一段时间内呈休眠状态。其休眠期从块茎成熟收获到芽眼开始萌发的天数计算，由品种的遗传特性和贮藏的温度决定。有的品种休眠期长达 4~5 个月，有的则很短，一般情况下晚熟品种的休眠期较长，早熟品种则较短。温度在 10℃ 以上时，块茎易结束自然休眠而发芽，温度在 2~4℃ 时，块茎可以保持长期休眠状态。另外，收获时块茎的成熟度也会影响休眠期时长。休眠期长的马铃薯有利于贮藏和延长市场供应。种薯一般在休眠期后开始播种，也可以采取赤霉素处理、提高贮藏温度、切块、切伤顶芽、清水多次漂洗等方式破除休眠。

(二) 发芽期

从萌芽至出苗是发芽期。这个时期的生长中心在芽轴的伸长和根系的发育上，养分和水分主要靠种薯幼根从土壤中吸取，这一阶段是产量形成的基础。它首先取决于种薯的休眠状况，打破休眠的程度以及种薯的生理年龄；其次取决于种薯的健康状况；最后取决于周围的环境条件，例如土壤墒情、氧气含量及温度。发芽期时长因品种特性、种薯贮藏条件、栽培季节和栽培技术水平等而不同，在正常情况下不应超过 1 个月。这一时期的关键措施在于把种薯中的养分、水分、内源激素等充分调动起来，使种薯尽快发芽出苗。

(三) 幼苗期

从幼苗出土到幼苗完成一个叶序的生长过程为幼苗期。早熟品种第 6 叶、晚熟品种第 8 叶展平，俗称团棵，是幼苗期结束的标志。幼苗期仍以茎叶和根的生长为中心，主茎及其他器官分化完毕且主茎顶端已经分化花蕾，侧枝、叶开始生长，但生长量不大，展叶速度较快，约 2 天生 1 片叶。一般在出苗后 7~8 天，地下匍匐茎就开始水平方向生长，团棵前后形成块茎。幼苗期短暂，一般为 15~20 天，因此应抓紧各项栽培措施促进根茎叶的生长。

（四）发棵期

从团棵到第 12 叶或第 16 叶展平，早熟品种以第 1 花序开花、晚熟品种以第 2 花序开花为发棵期结束的标志。此时株高达总株高的 50% 左右，早熟品种叶面积达总叶面积的比例为 80% 左右，晚熟品种为 50% 以上。同时，根系继续扩大，块茎直径逐渐膨大到 3~4 厘米。此阶段为时 1 个月左右，主要以建立强大的同化系统为中心，逐步转向块茎生长。

（五）结薯期

由主茎顶端显现花蕾到收获时为结薯期。发棵期末，叶面积达到高峰，进入结薯期，基部叶片开始枯黄脱落，叶面积开始负增长，植株同化产物向块茎运输速度加快，开花时块茎膨大速度达到高峰期。块茎产量一半以上是在结薯期内形成的，结薯期时长与气候条件、品种特性和栽培技术关系密切，一般为 30~50 天。结薯期要维持植株茎叶正常功能，减缓叶面积负生长速度，提高光合生产力，延长光合产物生产时间，使光合产物顺利向块茎输送，从而获得高产。

（六）成熟期

当 50% 的植株茎叶出现枯黄时，便进入成熟期。此时马铃薯地上、地下两部分均已停止生长。应注意天气变化，及时收获。

第三节　马铃薯的生长环境条件

一、温度

(一) 植株对温度的反应

在地下 10 厘米左右的土温达 7~8℃时，播种的块茎可正常发芽生长，10~20℃时幼芽苗壮成长并很快出土。播种早的马铃薯出苗后常会遇到晚霜，一般气温降至 -0.8℃时幼苗即受冷害，气温降到 -2℃时受冻害，部分茎叶会枯死、变黑，但在气温回升后又能从节部发出新的茎叶，继续生长。植株生长最适宜的温度为 21℃左右，气温在 42℃左右时茎叶停止生长。花期适宜温度为 15~17℃，低于 5℃或高于 38℃则不开花。因品种的抗寒性不同，其对温度的反应也有差异。了解马铃薯植株生长与温度的关系，选择适宜品种，加强田间管理，对马铃薯获得高产具有重要意义。

(二) 块茎对温度的反应

马铃薯块茎生长发育的最适温度为 17~19℃，温度低于 2℃或高于 29℃时块茎停止生长。在生产实践中常会遇到两种反常现象。

第一种是播种块茎上的幼芽变成了块茎，也称闷生薯或梦生薯，是贮藏时窖温偏高造成的。一般窖温在 4℃以上时，块茎就会发芽，窖温在 10℃以上时，种薯上的幼芽已经长得很长，只能将块茎上的幼芽去掉后再播种，播种后，块茎内养分向幼芽转移时如遇低温，幼芽则无法生长，只能将养分暂时贮存起来，就会形成新的小块茎。如果播种时块茎未发芽或只开始萌动而未生长，待播种后温度升高才正常生长，就不会发生这种现象。

第二种是块茎播种后遇到长时间高温会停止生长，通过灌水或降雨使土壤温度下降，块茎会恢复生长（即二次生长），这种情况下大多会出现畸形薯，如哑铃状、念珠状等。这种现象与品种对高温的耐受程度有很大关系，不耐高温品种遇到干旱缺水、土壤持续高温时，二次生长块茎会特别多，严重影响产量与块茎品质，种植这类品种时要及时灌溉降温。而耐高温品种基本不出现或很少出现这种现象。

二、水分

马铃薯不同生长期对水分的要求不同。发芽期芽条仅凭块茎内储备的水分便能正常生长，待芽条发生根系后，须从土壤吸收水分才能正常出苗。因此，这个时期要求土壤含水量至少达到田间持水量的 40%~50%，如水分不足则会影响出苗。

幼苗期土壤水分需保持在田间持水量的 50%~60%，这有利于根系向土壤深层发展，以及茎叶的苗壮生长。小于 40% 会导致茎叶生长不良。

发棵期为促进茎叶迅速生长，前期土壤含水量应保持在田间持水量的 70%~80%；后期可逐步降到 60%，以适当控制茎叶生长，适时进入结薯期。

结薯期块茎膨大需要充分而均匀的土壤水分。此期水分短缺会导致严重减产。结薯的前、中期土壤含水量应保持在田间持水量的 80%~85%，结薯后期逐渐降至 50%~60%，促使块茎周皮老化，以利于收获和贮藏。结薯期土壤水分供给不匀，温度时高时低，会导致块茎畸形。

三、光照

马铃薯是喜光作物，各生育时期对光照强度及光周期有强烈反应。幼苗期短日照、强光照和适当高温，有利于促根、壮苗和提早结薯；发棵期长日照、强光照和适当高温，有利于建立强大的同化系统；结薯期短日照、强光照和较大的昼夜温差，有利于同化产物向块茎运转，促使块茎高产。在弱光照条件下，马铃薯叶片薄，茎徒长、细弱，块茎小。

四、土壤

马铃薯对土壤适应的范围较广，最适合马铃薯生长的土壤是轻质壤土。块茎在土壤中生长要有足够的空气，呼吸作用才能顺利进行。轻质壤土较肥沃又不黏重，透气性良好，不但有利于块茎和根系生长，还可增加淀粉含量。壤土中种植的马铃薯，发芽快、出苗整齐、块茎表皮光滑、薯形正常且便于收获。

黏重的土壤种植马铃薯，最好高垄栽培。这类土壤通气性差，平栽或小垄栽培常因排水不畅而造成后期烂薯。土壤黏重易板结，易导致块茎生长变形。但这类土壤保水、保肥力强，只要排水通畅，往往能获高产。在这类土壤管理过程中，掌握好中耕、除草和培土时的土壤墒情非常重要，一旦土壤板结，田间管理很不方便，尤其培土困难，如造成块茎外露，则会影响品质。

沙性大的土壤种植马铃薯应特别注意增施肥料。这类土壤保水、保肥力差，种植时应适当深播，因一旦雨水稍大把沙土冲走，很容易露出匍匐茎和块茎，不利于马铃薯生长。但沙土中生长的马铃薯，块茎表皮光滑，薯形正常，淀粉含量高，易于收获。

马铃薯喜偏酸性土壤，在 pH 为 4.8~7.0 时，都能正常生长。pH>7.8 的土壤不适于种植马铃薯，会导致马铃薯产量低，不耐碱的品种块茎的芽不能正常生长，甚至会死亡。

另外，石灰质含量高的土壤中放线菌特别活跃，这类土壤常使马铃薯块茎表皮严重受损，容易发生疮痂病。在这种土壤种植马铃薯，应选用抗病品种，同时施用酸性肥料。

五、养分

养分是作物的粮食。有收无收在于水，收多收少在于肥。马铃薯是高产作物，需要养分较多。养分充足时植株可达到最高生长量，相应块茎产量也最高。氮、磷、钾三要素中，马铃薯需求量最多的是钾，其次是氮，磷最少。

（一）氮

氮对马铃薯植株茎的伸长和叶面积增大有重要作用。适当施用氮肥能促进马铃薯枝叶繁茂、叶色浓绿，有利于光合作用和养分的积累，对提高块茎产量和蛋白质含量有很大作用。氮肥虽是马铃薯健康生长和取得高产的重要肥料，但是施用过量会引起植株徒长，以致结薯延迟，影响产量。且枝叶徒长还易受病害侵袭，会造成更大的产量损失。相反，氮肥不足会造成马铃薯植株生长不良，如茎秆矮、叶片小、叶色淡绿或灰绿、分枝少、花期早、植株下部叶片早枯等，影响产量。实践证明，氮肥施用过多比氮肥不足更难控制，因为苗期发现氮肥不足可及时追施，而过多时除控制灌水外，其他方法很难收效，但控制灌水又会造成茎叶凋萎，影响正常生长。因此，施用氮肥要注意，宁可苗期追施，不可基肥过量。

（二）磷

磷虽然在马铃薯生长过程中需量较少，却是植株健康发育不可缺少的重要元素。它能促进马铃薯根系发育，使幼苗健壮，还有促进早熟、增进块茎品质和提高耐贮性的作用。磷肥不足时，马铃薯植株生长发育缓慢、茎秆矮、叶片小、光合作用差、生长势弱。缺磷的马铃薯块茎外表没有特殊症状，切开后薯肉常出现褐色锈斑。随着磷元素缺乏程度加大，锈斑也相应扩大，蒸煮时薯肉锈斑处脆而不软，严重影响品质。

（三）钾

钾是马铃薯苗期生长发育的重要元素。钾肥充足则植株生长健壮，茎秆坚实，叶片增厚，组织致密，抗病力强，可促进光合作用和淀粉形成，虽然会使成熟期有所延长，但块茎大、产量高。缺钾时，马铃薯植株节间缩短，发育延迟，叶片变小，后期叶片出现古铜色病斑，叶片向下弯曲，植株下部叶片早枯，根系不发达，匍匐茎缩短，块茎小，产量低，品质差，蒸煮时薯肉易呈灰黑色。

此外，马铃薯还需要钙、镁、硫、锌、钼、铁、锰等中微量元素，缺少这些元素也可引起病症，降低产量。

第三章 马铃薯病毒及脱毒技术

第一节 马铃薯的主要病毒

病毒病是马铃薯的主要病害之一，可以导致植株生理代谢紊乱、活力降低，造成大量减产。同时病毒侵染还是导致马铃薯退化的根本原因。为害马铃薯的病毒有 30 多种，不同的病毒为害症状也不同，常见的有花叶、垂叶坏死、皱缩花叶、卷叶、矮化、顶卷花叶等。马铃薯感染病毒后，块茎变小、变形，产量降低，种性退化。

一、马铃薯 X 病毒（PVX）

由该病毒引起的叫普通花叶病或轻花叶病。接触摩擦传毒，是较难通过茎尖剥离去除的病毒之一。该病毒单独侵染时植株生育正常，叶片平展，只是在叶脉间表现绿色或淡绿色相间的斑驳或花叶。带毒种薯和田间自生苗是主要的初侵染来源，田间主要通过病株、带毒农具、人等接触摩擦传播。

二、马铃薯 S 病毒（PVS）

该病毒引起的叫潜隐花叶病，因其症状表现轻微或潜隐而得名。通过茎尖剥离技术脱除该病毒难度较大，其为害范围较广，几乎各地都有发生。许多品种侵染后并不表现症状，仅在一些品种上表现症状，如叶脉变深、叶片粗缩、叶尖下卷、叶色变浅、轻度垂叶、植株呈披散状，有时叶片呈青铜色，并严重皱缩，产生坏死斑点，甚至落叶，老叶背面出现淡绿色斑点，而其他部位变黄。容易通过植株的汁液传播，接触传染是田间自然传播的主要途径，切刀、摩擦均可引起传染，蚜虫也可传播。

三、马铃薯 A 病毒（PVA）

由该病毒引起的病害叫马铃薯粗皱花叶病。其分布广泛，发病严重时可减产 40%。典型症状是花叶斑驳、脉间组织凸起，叶脉上或脉间现不规则浅色斑，暗色部分比健叶深，叶缘呈波浪状。感病叶片整体发亮，植株略呈披散状。在自然条件下主要由蚜虫非持久性传播，也可通过植株汁液和嫁接传播。带毒种薯是主要的初侵染来源。高海拔、低温、昼夜温差大，不利于发病。

四、马铃薯 M 病毒（PVM）

由该病毒引起的病害叫马铃薯副皱缩花叶病、卷花叶病、脉间花叶病等。病害症状因品种而异，从轻花叶到皱缩花叶。弱毒系在一些品种上引起轻花叶、小叶尖脉间花叶、叶尖扭曲、顶部叶片卷曲，强毒系侵染后产生明显花叶，叶片严重变形，有时叶柄和叶脉坏死、枝条矮小。气温 24℃ 以上时症状不易表现。该病毒可通过植株汁液和嫁接传播，自然条件下可以通过蚜虫传播。

五、马铃薯 Y 病毒（PVY）

该病毒引起的花叶病又称条斑花叶、落地叶条斑和点条斑花叶等。随病毒株系和马铃薯品种抗性不同，其症状差异较大。一般症状为叶脉、叶柄、茎有褐色条斑且发脆。严重时叶片皱缩有斑点或枯斑，叶脉坏死或呈条斑垂叶坏死，后期下部叶片干枯坏死，不脱落，顶部叶片常表现斑点或轻微皱缩症状，植株变矮，不分枝或很少分枝，有的品种还可在叶柄、茎上出现条斑坏死。由感病块茎长出的再感染植株，表现为叶片簇生、矮化、叶片变小变脆。一般可导致减产50%左右。该病毒主要通过蚜虫以非持久性方式传播，在几秒钟之内便可传毒，至少有20多种蚜虫可以传播，最有效的介体是桃蚜。也可通过汁液及嫁接等途径传播。

六、马铃薯卷叶病毒（PLRV）

该病毒引起的病害叫马铃薯卷叶病，由于发病后叶片向上卷曲或呈筒状而得名。发病严重时可引起减产80%以上。当年受病毒侵染的植株，其症状主要表现在顶部叶片上，通常是叶片直立、白绿色，小叶沿中脉上卷，叶基部常有紫红色边缘。由带毒种薯长出的植株病毒可直接运转到新生植株上，这叫继发性感染。一般出苗后20～30天就能表现出症状：首先是底部叶片卷曲并逐渐革质化，边缘坏死，同时叶背部变为紫色。随着病情发展，上部叶片也出现褪绿、卷叶，背面变为紫红色，重病株矮小黄化。感病块茎横切面有网状坏死，萌发后产生纤细芽。卷叶病毒主要由蚜虫以持久性方式传播，嫁接可传播。

第二节　马铃薯病毒病的危害及传播

一、马铃薯病毒病的危害

马铃薯病毒病的危害主要表现在以下几个方面。

（一）降低产量

感染病毒的马铃薯植株，其块茎品质变劣，产量逐年降低，减产幅度在20%～50%，严重时甚至高达80%以上。

（二）改变马铃薯品质

病毒病会导致马铃薯薯块变形、变色、表面粗糙，也会引起坏死斑，这些都会降低马铃薯的品质。

（三）影响植物生长

受到病毒侵害的马铃薯植株通常会表现出矮小、萎缩的症状，严重时甚至会死亡。这些症状会直接影响到马铃薯的生长。

总体来说，马铃薯病毒病的危害较大，如不进行有效的防治，会对马铃薯的生长和产量产生极大的影响。

二、马铃薯病毒传播方式

马铃薯病毒的传播必须植物病毒、传播介体、植株和环境同时达到最适的状态。病毒传播途径主要有 3 种。

（一）接触传播

指感病植株伤口流出的汁液侵染健康植株的伤口时发生的病毒传播。病毒接触传播的方式较多，有植株间的接触传播和机械传播，其中主要是由农事操作引起病健植株体之间的摩擦、接触而发生的汁液传播，最易于在叶片上发生。通过接触传播的病毒主要有 PVX、PVS 及 PVA。

（二）介体传播

介体传播指昆虫、线虫和真菌在病健株间取食、为害所导致的病毒传播。

昆虫是主要的传毒介体。能传播病毒的昆虫较多，如桃蚜、鼠李马铃薯蚜、大戟长管蚜、豆卫矛蚜、蚕豆蚜、豆无网长管蚜等蚜虫，还有蓟马、粉虱、跳甲等昆虫，其中蚜虫是最重要的传播介体，而蚜虫中又以桃蚜传毒效率最高。昆虫可传播多种病毒，如 PLRV、PVY、PVS、PVA、PVM 等。蚜虫的传播类型有非持久性传播和持久性传播。非持久性传播是指病毒的获取和接种阶段可以在几分钟或几秒钟之内完成，不存在能够觉察到的潜伏期。蚜虫仅仅在获得病毒后的几分钟之内保持带毒状态，随后经过蜕皮失去传播这种病毒的能力。通过这种类型传播的病毒有PVY、PVS、PVM、PVA。

持久性传播有几个特征：在摄食过程中病毒被获取和接种，此过程在15分钟内开始；病毒在蚜虫体内复制繁殖；蜕皮后病毒仍被保留在蚜虫体内。PLRV是唯一已知在马铃薯中以持久方式传播的病毒，PLRV病毒能存活在蚜虫的血淋巴中，并在循环系统中循环且繁殖，蚜虫可终生带有PLRV。

土壤中的线虫和真菌也可传播病毒。线虫可以传播烟草脆裂病毒（TRV）和番茄黑环病毒（TBRV）感染马铃薯。能传播病毒的真菌孢子可在土壤中存活一年以上。马铃薯粉痂菌可传播马铃薯帚顶病毒（RMTV），马铃薯癌肿菌可传播PVX。

第三节　马铃薯的脱毒技术

马铃薯脱毒的目的是脱除已经侵染进植株体内的所有病毒，使之恢复原有的品种特性。目前采用最多的是茎尖培养脱毒技术。植物的茎尖部分病毒含量最低，用茎尖繁殖可有效控制病毒的为害。茎尖培养脱毒技术是将马铃薯植株或分枝或块茎上芽的顶部生长点（分生组织）剥离，应用组织培养的方法，将茎尖培养成完整植株（小苗）。这项技术已成为防治马铃薯病毒病的新途径。只有掌握正确的脱毒技术，并严格按照操作步骤操作，才能确保脱毒彻底。

一、选择要进行脱毒的品种

在马铃薯脱毒过程中，面临的第一个问题是品种的选择。生产中应该选择当地的主栽品种进行脱毒，如果要引进新的品种，则必须考虑其是否适应当地的生态条件以及是否符合市场需求和消费习惯，否则即便是获得了脱毒苗和脱毒种薯，也很难在当地推广。

二、选择单株进行脱毒

确定了品种后，就要在该品种的生长群体中选择最典型的单株作为脱毒母株。由此可见，被选中的单株能代表原品种的所有特点至关重要。单株的选择一般分为两步。第一步为田间选择。田间选择可分 2~3 次进行，第一次于苗期选择出苗早、生长正常、具有本品种典型特征、无病虫害的单株 50~100 个，分别挂牌或插竹竿做好标记；第二次于开花期从第一次选中的植株中选择花色正常、生长健壮、各种病毒症状（尤其不能有类病毒症状）表现最轻的单株，剔除不正常的植株，这次选择大约保留 50% 的植株；第三次于收获前选择正常成熟、无病虫害且退化轻的植株，并单株收获，中选率 25% 左右。第二步为室内选择。因为目前所采用的脱毒方法不能把马铃薯纺锤块茎类病毒（PSTVd）脱除掉，所以室内选择首先筛选出不带这种病毒的植株，然后根据此品种的块茎特性（包括皮色、肉色、芽眼深浅等）进行筛选，保留最典型单株 2~3 个，每株保留 1 个最大的块茎。

三、脱毒方法

（一）脱毒材料的准备、消毒

块茎自然通过休眠后，播种于花盆内。待幼苗长到 3~4 厘米时剪切下来，去掉所有叶片后，用自来水洗净灰尘，然后用自来水连续冲洗 5~10 分钟；冲洗干净后用 0.1% 的升汞溶液表面灭菌 10 分钟，捞出来用无菌水彻底冲洗 3~5 次（在无菌条件下操作）后备用。也可以将通过休眠期的块茎用自来水洗净后，再用 75% 的乙醇浸泡 3~5 秒，用自来水冲洗后再用 0.1% 的升汞溶液灭菌 10 分钟，在无菌条件下用无菌水冲洗 5 次。最后将块茎切成 2 厘米×2 厘米×2 厘米的小方块，每块带一个芽眼，培养于三角瓶内（采用 MS 固体培养基），使之产生无菌苗。

（二）茎尖剥离方法

样品经灭菌处理后就可以在超净工作台上进行生长点剥离了。方法是将消过毒的茎芽用无菌纸吸干水分，置于解剖镜的承物台上，在 40 倍的目镜下左手拿镊子夹住植株，右手用解剖针由外向里逐层将植株生长点上的小叶片和叶原基剥离掉，最后只保留带一个叶原基的生长点，直径为 0.1~0.2 毫米。用解剖针把生长点"切"下来接种到盛有培养基的试管里，封严管口放于培养室内培养。

（三）茎尖组织培养

茎尖培养的条件是温度 23~25℃、光照强度 3 000 勒克斯、光照时间为每天 16 小时左右。在正常条件下，经过 30~40 天的培养可见到茎尖有明显的增长，3~4 个月后就能长成小植株。

（四）茎尖剥离与培养中易出现的问题及解决措施

一是植株及器械等消毒不彻底，培养期间出现污染现象。一旦发生污染就要重做。二是培养过程中茎尖很快变褐死亡。其主要原因可能是剥离茎尖用时过长，茎尖干死了，或者是被消毒后未冷却彻底的器械烫死了。三是培养后茎尖仍呈绿点，不生长。其原因可能是培养基配方或激素浓度不适宜，应根据不同品种选择适宜的培养基配方。四是叶原基上长出了小叶，生长锥也正常，但茎基部出现愈伤组织或不生根。其原因是培养基配方或培养条件不适宜，应更换无生长素的培养基或降低培养温度。

(五) 茎尖组培苗的病毒检测

繁殖的茎尖组培苗首先要做病毒检测，经过酶联免疫吸附法（ELISA）、化学试剂染色、指示植物接种等方法进行病毒检测，淘汰仍带有病毒的茎尖组培苗，保留确实无病毒的茎尖组培苗。剥取、培养的茎尖有几十个或几百个，经过检测最后留下的无病毒的茎尖组培苗只有起始数的百分之几或千分之几，被淘汰的带毒苗占多数，因此，培养成活的茎尖组培苗在未经检测前不能认为是脱毒苗，不宜繁殖推广。只有经过检测而无病毒的茎尖苗才是真正的脱毒苗，才能用于种薯生产。

(六) 影响脱毒效果的因素及解决方法

1. 茎尖大小

实践证明，茎尖的大小程度对成苗率和脱毒率都起主要作用。一般来说，茎尖越大，成苗率越高，脱毒效果则越低；相反，茎尖越小，脱毒效果越好，而成苗率则越低。带有叶原基是培养茎尖成苗的首要条件，理想的茎尖大小是 0.1~0.2 毫米，带有 1~2 个叶原基。

2. 病毒种类

病毒不同，脱毒的难易程度不同。各种病毒的脱毒由易到难顺序：PLRV、PVA、PVY、马铃薯奥古巴花叶病毒（PAMV）、PVM、PVX、PVS、PSTVd。此外，植株被多种病毒复合侵染也会影响脱毒效果。

3. 培养基成分

不同品种的茎尖培养所要求的最佳培养基配方有所不同。因此，应根据品种选用适宜的培养基配方。

第四章　马铃薯脱毒种薯繁育技术

第一节　马铃薯脱毒种薯概述

一、脱毒种薯的概念

脱毒种薯是指马铃薯种薯经过一系列物理、化学、生物或其他技术措施清除薯块体内的病毒后，获得的经检测无病毒或极少有病毒侵染的种薯。脱毒种薯是马铃薯脱毒快繁及种薯生产体系中，各种级别种薯的通称。

脱毒试管苗：不带任何病毒并在试管中繁育的马铃薯苗。

原原种（微型薯）：用育种家种子、脱毒组培苗或试管薯在防虫网、温室等隔离条件下生产的，用于原种生产的种薯。

原种：用原原种作种薯，在良好隔离环境中生产的、经质量检测达到质量要求的、用于生产一级种薯的种薯。

一级种薯：在相对隔离环境中，用原种作种薯生产的、经质量检测后达到质量要求的、用于生产二级种薯的种薯。

二级种薯：在相对隔离环境中，由一级种薯作种薯生产的、经质量检测后达到质量要求的、用于生产商品薯的种薯。

马铃薯脱毒种薯质量应符合《马铃薯种薯》（GB 18133—2012）要求。

二、脱毒种薯的特点

(一) 加快品种繁殖速度

马铃薯脱毒种薯生产技术的作用:一是解决马铃薯退化问题,恢复其生产力;二是加快品种繁殖速度。在我国,后者目前显得更为重要。要育成一个新的能推广种植的品种一般得 10~12 年,而利用该技术引进材料繁殖在 3~5 年内就可以大面积种植,且形成商品薯。

(二) 提高马铃薯产量与品质

脱毒种薯可大幅度提高马铃薯产量与品质。脱毒种薯的增产效果极其显著,采用脱毒种薯可以增产 30%~50%,高的达到 1~2 倍,甚至 3~4 倍及 4 倍以上。脱毒种薯主要优点为出苗早且整齐、生命力旺盛、生长势强、生育期相对延长,有利于单株产量提升和薯块干物质含量增加。有研究结果显示,脱毒马铃薯植株光合生产率可提高 41.9%;同时,其植株水分代谢旺盛,抗高温、干旱的能力较强,抗逆性明显增强。

(三) 保持原品种的遗传稳定性

脱毒种薯保持了原品种主要性状的遗传稳定性,恢复了优良种性。脱毒种薯在茎尖分生组织培养和脱毒苗组培快繁过程中,只要培养基中不加入激素,一般都不会发生遗传变异。

(四) 有再度感染病毒的可能

脱毒种薯连续种植依然会再度感染病毒,其繁育代数是有限的,并不是一个马铃薯品种一旦脱毒,就可长期连续生产。种薯脱毒,只是一种摒除病毒的治疗措施,并没有从品种的遗传基础上提高其抗病性。种薯脱毒种植后,仍然可能面临病毒的再度侵染。

三、种薯脱毒基本原理

脱毒种薯是应用植物组织培养技术繁育马铃薯种苗，经逐代繁育增加种薯数量，生产用于商品薯生产的种薯。

植物组织培养技术是利用细胞的全能性，应用无菌操作培养植物的离体器官、组织或细胞，使其在人工控制条件下生长和发育的技术。20 世纪 70 年代，美国为了解决马铃薯品种严重退化问题，根据马铃薯可无性繁殖的特点，采用茎尖组织培养技术，培育出马铃薯脱毒种薯，成功解决了马铃薯主打品种大西洋的退化问题，从此形成了真正意义上的马铃薯脱毒生产技术。该技术的理论基础如下。

（一）茎尖组织生长速度快

马铃薯退化是由于无性繁殖导致病毒连年积累所致，而马铃薯幼苗茎尖组织细胞分裂速度快，生长锥（生长点）的生长速度远远超过病毒增殖速度，这种生长时间差形成了茎尖的无病毒区。切取茎尖（或根尖）可培育成不带毒或带毒很少的脱毒苗。

（二）茎尖组织细胞代谢旺盛

茎尖细胞代谢旺盛，在对合成核酸分子的前体竞争方面占据优势，病毒难以获得复制自己的原料。荷兰学者曾利用烟草病毒对烟草愈伤组织的侵染实验，证明细胞分裂与病毒复制之间存在竞争，在活跃的分生组织中，正常核蛋白合成占优势，病毒粒子得不到复制的营养而受到抑制。

（三）高浓度的生长素

茎尖分生组织内生长素浓度通常很高，可能影响病毒复制。

（四）培养基的成分

茎尖分生组织内或培养基内某些成分能抑制病毒增殖。所以利用茎尖组织培养可获得脱毒苗，由脱毒苗快速繁殖可获得脱毒种薯。

四、脱毒种薯繁育设施与设备

（一）基本条件

1. 工作室

用来调配试剂、制备培养基、消毒高压锅，还用来存放药品、器材和完成洗涤工作。室内应当配有实验台、工作台和存放药品、器材的架子、柜子以及箱子等，此外要具备水、电、供暖等设施。

2. 无菌室

在室内对脱毒苗进行切断和接种工作，以防其被病菌侵染。室内应有紫外线灯、超净工作台，开关装在门外。最好用瓷砖或水磨石铺地，保证墙壁上无尘。如果没有紫外线灯，可使用甲酚皂液（来苏尔）喷雾消毒灭菌，严防污染。

3. 培养室

用于繁殖培养试管苗。要求室内能控制光、温。在装着灯管的架子上放试管苗（三角灯）。可安装窗式空调来控制室温。可用黑色薄膜隔离营养架，以培养微型薯，实现一室两用。

4. 贮藏室

主要存放器材、用品和药品，室内有贮藏架、柜即可。

5. 温室

用于移栽试管苗、繁殖扦插和生产原原种。可以用珍珠岩、草炭、蛭石等制成基质并铺在地面或放于箱盘中来扦插。切记要预防粉虱、蚜虫和螨的发生。

6. 防虫网棚

通常有半亩地大小，可根据需要调整，生产前使用最低40

目网纱制备网棚，网棚需设计缓冲门，进入时更换工作服、鞋等，防止将害虫带入。

（二）设施设备

1. 组织培养室

设计组织培养室时，要按植物组织培养的程序，环节不能颠倒，导致工作效率降低。植物组织培养必须在绝对无菌的环境中进行，其光照、温度、湿度等可人工控制。

2. 大型连栋温室

大型连栋温室虽然有受光均匀、管理方便、便于调控环境等诸多优点，但一次性投高，在夏季较热而冬春严寒的地区，存在夏季降温难、冬季积雪难清除、升温成本大等问题。尤其在我国北方地区冬季消耗巨大，成本相应增加不少，极大地限制了此种温室的应用。对此，要根据当地的气象条件、资金能力等选择建造符合当地特色的、具有优良节能性、环境可控力强的现代化大型连栋温室。

3. 单栋日光温室

北方寒冷地区提倡使用大跨度（10~12米）的节能升温单栋日光温室。

4. 塑料大棚

大型拱棚，上覆塑料薄膜，有很多种结构和类型。较温室而言，其建造拆装方便、结构简单、一次性投资少；与中小棚相比，又有寿命长、坚固耐用、空间大、方便调控、有利作物生长和方便作业的优点。

第二节　马铃薯脱毒苗繁育技术

经检测获得不带任何病毒的试管苗后，在 10~15℃、16小时、3 000 勒克斯光照强度条件下于试管内进行扩繁。达到一定数量后，将其中一部分进行大量扩繁，用于微型薯生产，另一部分继续保存。保留的这部分试管苗就是基础苗。在下一个切繁季节，取出其中的一部分进行扩繁，另一部分仍然保存。所保留的基础苗应每隔一段时间进行切段继繁。

一、脱毒试管苗快繁技术

试管苗快速繁殖是脱毒马铃薯种薯繁殖的第一步，只有繁殖出足够的试管苗，才能繁殖出足够的脱毒小薯。试管苗快繁步骤如下：

（一）准备培养基

快速繁殖可使用固体培养基，也可使用液体培养基。两种培养基的成分基本一样，只是液体培养基中不加琼脂。培养基的成分是 MS 大量元素、微量元素、铁盐、20 克/升蔗糖（可用普通白糖代替）、5~7 克/升琼脂粉，pH 为 5.6，一般不加有机物和植物激素。有时为使试管苗长得更健壮，可采用 1.5~2.0 倍 MS 大量元素。每个三角瓶（容积 100~150 毫升）加固体培养基30~35 毫升，液体培养基（不加琼脂，其他与固体培养基一样）则加 3~5 毫升，灭菌后备用。

（二）切段繁殖的方法

第一次是利用保存的基础苗进行切段繁殖，以后连续切繁时，直接用上一次的快繁苗来切段。切繁需在无菌的超净工作台上进行，方法步骤如下。

1. 瓶体消毒

用75%的乙醇棉球将待繁基础苗的瓶体表面（包括封口膜）擦拭一遍，以杀死瓶体所带的各种菌，防止污染。

2. 无菌室及工作台消毒

无菌室在使用前应进行彻底消毒。可采用熏蒸法（甲醛、高锰酸钾法），即：在一广口容器内加入 50 克左右的高锰酸钾，倒入适量甲醛，关严门窗迅速离开，2～3 秒后就可释放出大量烟雾；密封 24 小时后，使室内外气体流通，隔 1 天后方可入室操作。切繁期间应保持无菌室始终清洁无菌，每隔 2～3 天用来苏尔水擦洗地面，每天用 75% 乙醇擦拭工作台面。

3. 切繁方法

切段前将所要用的剪刀、镊子、瓶口等用酒精灯焙烧灭菌，冷却后使用。先将待切苗从三角瓶中夹出，然后用剪刀按节切段，并将其均匀地平放在新三角瓶内的培养基上，每瓶放 10～13 个，最后放在培养室中培养。

4. 培养条件

培养室温度保持在 25℃ 左右，光照强度 2 000～3 000 勒克斯，光照时间 16 小时。一般 3～4 天就能从叶腋处长出新芽，茎节上长出新根。

5. 切繁速度

当培养条件适宜时，试管苗生长很快，一般液体苗 2～3 周切繁一次，固体苗每 4 周切繁一次。平均每株苗可切 5～7 段，即繁殖系数为 5～7，一株苗每年可切繁几十万株。

二、脱毒试管苗需要定期检测病毒

脱毒试管苗在保存和扩繁过程中需要定期进行病毒检测，目的是淘汰带病植株。因为目前采用的脱毒技术和病毒检测技术很难确保所有"脱毒苗"不带任何病毒，血清学病毒检测技术还做不到只要植株带有病毒就能将其百分之百地检测到，也就是说当植株体内病毒的含量低于一定量时，难以将其检测出来。这部分病毒在试管苗扩繁过程中也跟着繁殖，从而使试管苗重新带病毒。因此，生产中对试管苗定期检测非常重要。

第三节　马铃薯原原种繁育技术

原原种，又叫脱毒微型薯，要求在无病毒传播源的条件下进行工厂化生产。生产原原种的首要条件，是防止病毒的再侵染。病毒传播的主要媒介是蚜虫，所以在繁殖原原种时，必须严格隔离蚜虫。生产原原种的方法有两种，一种是有基质栽培，一种是无基质气雾栽培（简称雾培）。

一、有基质栽培

分为栽植基础苗剪顶芽扦插和直接定植试管苗两种方式。

（一）剪顶芽扦插

试管苗移栽到育苗盘中培养基础苗，长到一定大小后剪顶，用腋芽进行扦插，可大大提高试管苗的利用率，降低培养成本。具体方法如下。

1. 料基处理，定植试管苗

用1%的磷酸二氢钾和0.5%的尿素溶液将蛭石拌湿，湿度为用手握成球而放下松散即可装盘，装至盘高的2/3处，将盘面刮平，按行距7~8厘米、株距5厘米定植试管苗为基础苗。

基础苗栽好后，将育苗盘摆放在培养架上。培养架提前铺上与三元复合肥拌匀的草炭土，厚3厘米。如果室内温度高、光照强，栽苗后应适当遮阴，防止萎蔫。一般栽苗后前几天不需浇水。需要浇水时，应从育苗盘底下洇水。当植株长到一定大小时，要在幼苗基部培蛭石（相当于大田的培土）。

2. 剪顶、腋芽扦插

当基础苗长到6~8片叶时，将顶芽带1片展开叶剪下，进行扦插。顶芽剪掉后失去了顶端优势，腋芽很快就会长出来。

5~6天后将腋芽留2~3片叶剪顶，再进行扦插。为防止失水，应将剪下的顶芽浸入水中（用小塑料碗盛满水即可）。为促进扦插后早生根，可用30毫克/千克生根粉溶液浸泡顶芽3~5分钟。扦插密度为5厘米×10厘米。

3. 插后管理

扦插后，如温室内气温不是太高，光照不太强，不必遮阴。扦插后的培养和浇水施肥方法与基础苗培养相同。待幼苗长至3~4厘米时，进行第一次培土（即培蛭石）。以后需培3~4次。如果扦插苗生长中后期，植株较高或有徒长现象，可喷施1次500毫克/千克的矮壮素，来抑制植株生长，促进块茎膨大。

早熟品种一般在扦插60~70天后，植株叶片开始变黄，说明植株已开始成熟。原原种收获后，应根据大小进行分级。

（二）直接定植试管苗

生产中也常将试管苗直接定植于育苗盘或防虫网室的育苗床来生产原原种。这种方法对试管苗需求量大，成本高于剪顶芽扦插。此外，试管苗直接移栽于网室，对管理条件要求比较高，否则会降低成活率。其优点是省去了剪顶、腋芽扦插的程序，有人认为，这样还可减少病毒传播的机会。移栽及管理方法与上述基础苗栽培和管理方法大致相同。技术要点如下。

1. 扦插脱毒苗

用水将蛭石和好（手握成团但不滴水），铺在栽培槽内，厚3~5厘米，刮平后开浅沟，按株行距10厘米×10厘米或10厘米×5厘米的标准，栽植4~6厘米高的幼苗，深度以1~2厘米为宜。栽后轻轻按压根部蛭石。用喷壶适当喷水。前5天之内保证苗床相对含水量在95%以上。

2. 扦插苗管理

扦插苗成活后，叶面喷施0.3%磷酸二氢钾和0.2%尿素混合液 1 次。在蛭石变松散时应立即浇水，始终保持蛭石水分含量以手握成团而不滴水为宜。植株长到 8~10 厘米时第一次培蛭石，15~20 厘米时把植株基部弯成船状压入蛭石中以增加结薯层。如有徒长现象发生时，可喷 50 毫克/千克多效唑或 25 毫克/千克矮壮素来控制生长。遇到连续阴雨天时，应喷甲霜灵或霜脲氰防治晚疫病，每 7~10 天喷 1 次防蚜虫的农药。

3. 收获

收获前 7~10 天停止浇水，让植株自然落黄，待蛭石干透后收获。如遇阴雨天气应提早收获，防止病害发生。收获后按大小分级装袋。

二、无基质气雾栽培（雾培）

脱毒马铃薯无基质气雾栽培技术是国内一种比较新型的快速繁育原原种的方法，与普通的基质栽培相比具有很大的优势，可以人为控制马铃薯生长发育所需要的环境条件，使植株生长在较为适宜的条件下，最大限度地挖掘其生产潜力。

（一）主要设备配置

雾培最好在设施温室中开展，有利于控制生产条件和提高循环生产效率。为了提高单位面积马铃薯产量和生产效率，建议采用金字塔式的雾培床，可提高温室单位面积利用率 30% 左右。最好采用能够分期采收的活床式，以提高结薯率和种薯的均匀性。

雾培设备主要由定植固定装置和定时喷施营养液控制器两部分组成，具体包括：支架、喷雾槽、喷雾装置、上水和回水管道、自吸泵、营养液调控系统、植株固定板、静电发生器、杀菌器、磁化器、微电脑主控制器、分控器、根系固定杯以及电流的过载保护和手动控制等其他辅助设备。

雾培栽培架密度一般为 25 厘米×20 厘米，同时要求配备紫外线杀菌器、磁化器，主要用于营养液灭菌和防污染等。雾培设备在使用前要严格消毒，可通过电功能水发生器制备酸碱水，进行灭菌杀菌。每周 1 次，最好在 9：00 左右，先进行酸水消毒，再进行碱水消毒。如果棚内湿度太高可以选用烟雾剂进行消毒。

（二）栽培技术

1. 苗木选择

雾培脱毒马铃薯苗，要选用脱毒试管苗定植于基质中 20 天左右，长势较好的植株，最大叶长 2.0～2.5 厘米，株高 15～18 厘米。

2. 定植前准备

酸碱水喷施栽培床灭菌，先喷酸水灭菌消毒，再喷碱水中和。若无法制备酸碱水，则采用高锰酸钾熏蒸法代替。春秋两季用酸碱水消毒效果会更好，夏季合适选用烟雾剂。

（1）环境消毒

地面：用 0.5% 的高锰酸钾溶液浇洒地面所有地方。

墙面：用多菌灵 500 倍液，3 个喷雾器喷施所有内墙墙面。

温室空间：用百菌清烟剂和虫螨剂熏蒸所有空间。

（2）设施消毒

盖板：用 0.5% 的高锰酸钾溶液浸泡或刷洗。

结薯箱及黑膜反光幕：用 0.5% 的高锰酸钾浸泡刷洗。

水池管道：用 0.5% 的高锰酸钾喷雾消毒。

3. 苗木定植

在遮阴的条件下进行，定植前 2 天采用 50% 透光率的遮阳网。营养液池中加入足量清水，并加入生根剂（按照产品使用浓度说明），每次营养液喷施 10 秒，间隔 5 分钟进行正常喷施。

（1）清洗基质

定植前将试管苗根系用自来水轻微冲洗干净。

（2）蘸生根剂

为促进幼苗快速生根，进行生根剂蘸根处理，30 毫克/千克生根剂，浸泡 5 分钟。

（3）定植

将幼苗用海绵块固定于定植网内，栽入定植孔，种苗外露 5 厘米左右。

（三）生产管理技术

1. 苗期管理关键技术

（1）洒水

苗木定植后 1~2 天内用自动喷雾系统进行叶面补水，保持植株叶片湿润，补水也不能太勤，以免造成烂叶。春季在 11：00 左右补水，夏季在 10：00 左右补水，可根据棚内的温湿度控制补水次数。温室内温度一般为 21℃，湿度为 75%。

（2）清水喷雾

定植后先用清水炼苗 2~3 天。8：00—10：00 清水喷液 15 秒，停止供液 10 分钟；10：00—14：00 喷液 15 秒，停止供液 5 分钟；14：00—18：00 喷液 15 秒，停止供液 10 分钟；18：00 至翌日 8：00 喷液 15 秒，停止供液 15 分钟。春季定植的幼苗，随着温度的升高而加长喷雾时间、缩短间隔时间；秋季定植的幼苗，则随着温度的降低而缩短喷雾时间、增长间隔时间。喷雾后进行低浓度营养液（EC 为 1 500 微西门子/厘米左右，通过少量营养液加水稀释获得）炼苗 5~7 天，直至新根发出 1 厘米左右。春秋两季定植的幼苗，新根生长速度要低于夏季。一般春秋两季为 5~7 天，夏季为 3~4 天。依据马铃薯苗长势，不断提高营养液浓度到 EC 为 2 000 微西门子/厘米，再到 2 500 微西门子/厘米。

2. 生长期营养液管理关键技术

不同时期生产，其营养液喷雾需求是不同的。要按照马铃薯不同生长阶段相应间歇喷雾的最适控制期，以降低根部在种植槽空间湿度、减小皮孔开张度，达到植株生长量及单株结薯数最高。

（1）营养液应用

经研究总结和参考相关研究资料得出，雾培脱毒马铃薯定植后先用清水炼苗2~3天，根据新发根长度决定加入低浓度的营养液（EC为1 500微西门子/厘米左右，通过少量营养液加水稀释获得）炼苗大概5~7天。随后，依据马铃薯苗长势，不断提高营养液浓度到EC为2 000微西门子/厘米，再到2 500微西门子/厘米。营养液通常15天更换1次，如出现pH或电导率过高，要进行pH调节或加水稀释降低电导率。

（2）营养液供应（常规情况）

①清水炼苗期：8: 00—10: 00清水喷液15秒，停止供液10分钟；10: 00—14: 00喷液15秒，停止供液5分钟；14: 00—18: 00喷液15秒，停止供液10分钟；18: 00至翌日8: 00喷液15秒，停止供液15分钟。

②低浓度营养液炼苗期（定植后3~7天）：8: 00—10: 00喷液15秒，停止供液10分钟；10: 00—14: 00喷液15秒，停止供液5分钟；14: 00—18: 00喷液15秒，停止供液10分钟；18: 00至翌日8: 00喷液15秒，停止供液15分钟。

③定植后7~60天：8: 00—10: 00喷液20秒，停止供液10分钟；10: 00—14: 00喷液20秒，停止供液5分钟；14: 00—18: 00喷液20秒，停止供液10分钟；18: 00至翌日8: 00喷液20秒，停止供液20分钟。

④定植60天后：8: 00—10: 00喷液20秒，停止供液20分钟；10: 00—14: 00喷液20秒，停止供液10分钟；14: 00—18: 00喷液20秒，停止供液20分钟；18: 00至翌日8: 00喷液20秒，停止供液30分钟。

定植箱内需有专门的加湿系统。春季随着温度升高应加长喷雾时间、缩短间隔时间，秋季随着温度降低应缩短喷雾时间、增长间隔时间。定植箱或者营养液必须要有加温设施，冬季温度过低时，为了保证正常生长，必须对营养液进行加热。如果遇阴雨天，需要及时降低喷雾频率来满足马铃薯生长发育需求。

总体而言，在马铃薯整个生育期中根据光照、温度以及马铃薯的生育阶段及时调节供液时间，能够保证植株正常生长。

（3）营养液管理

马铃薯生产期间要对营养液 EC 和 pH 跟踪监测，正常情况下，每周进行 3 次。其中：营养液 EC 应保持在 1 500~2 500 微西门子/厘米，pH 应控制在 5.5~6.5。pH>7.0，会导致铁、锰、铜和锌等微量元素沉淀；pH<5.0，会对钙离子产生拮抗，影响作物对钙的吸收。北方硬水地区水质 pH 较高，加之作物在生长过程中，对营养液阴阳离子的吸收程度不同，会导致营养液 pH 发生变化，需要用酸调节氢离子浓度，使 pH 保持在 6.0 左右。通常采用生理酸性肥料来代替化学纯试剂（主要针对大量元素），补充后期营养液养分元素不足和进行营养液 pH、EC 的调控，可大大降低生产成本，保证气雾法生产马铃薯技术的顺利推广应用。另外，营养液采用紫外线灯消毒，每周 3 次，每次间隔 1 天，每次大约 4 小时，可保障营养液循环利用的安全性。

（4）植株管理

马铃薯定植后，要根据幼苗生长情况，在叶片达 6 片左右时，摘除下部叶片（2 片）下移，外露 3~4 片叶即可。后期生长过程中也要及时摘除下部枯黄老叶，避免病菌的传播及病害的发生。

（5）环境条件管理

光照条件：光照过强时，可通过拉遮阳网的方式遮阴。主要在幼苗定植 1 周左右和夏季最热时进行，在连续阴天光照不足时需及时补光。

温度条件：温室内温度保持在 15~25℃。

3. 采收及储存关键技术

马铃薯达到采收标准（5 克以上）时，开始分批采收，成熟期 1~2 周采收 1 次。通常在采收前 1 天，延长营养液喷施间隔时间 50%，以降低种薯水分含量，提高储存质量。采摘时，用 0.5% 来苏尔洗净器具和手，摘去 5 克以上大薯。采后的种薯应当及时冲洗掉表面残留的营养液，以免受到盐渍腐烂，影响质量，然后置于阴凉处晾干，在 4℃ 条件下储存，二氧化碳浓度不高于 0.2%。

第四节　马铃薯原种繁育技术

原原种生产成本高，数量有限，尚不能用于生产，需进一步用原原种生产原种。

一、选择生产田

原种生产最好采用防虫网棚生产。如无网棚生产条件，可选择纬度高、海拔高（1 900 米以上）、气候冷凉、风速大、交通便利、具备良好防虫防病隔离条件、土壤松软、肥力优良且排水良好、近三年未种植过马铃薯等茄科作物的地块作为原种繁殖田。原种生产田应与其他级别马铃薯、十字花科及茄科、桃园之间保持至少 500 米的距离。如果隔离条件较差，最好将种薯田设在其他寄主作物的上风头，尽可能减少有翅蚜虫在种薯田降落的机会。

二、播种

由于原原种（微型薯）顶土力弱，所以要精细整地、深耕细耙、打碎土块。播种前人工造墒，保证耕层土壤在播种到出苗期有适量水分，也可在播种后浇小水。播种原则是：秋作宜浅不宜深，春作宜深不宜浅；砂壤土宜深不宜浅，黏土宜浅不宜深；水浇地宜浅不宜深，旱地宜深不宜浅。播种时开深沟、覆浅土。开沟深度为 10~13 厘米，覆土厚度根据薯型大小来确定。通常情况下，重量小于 3 克的覆土厚度不超过 5 厘米；3~10 克的覆土厚度为 6~8 厘米；大于 10 克的覆土厚度为 11~12 厘米。种薯生产可通过适当增加种植密度来增加结薯数，提高繁殖系数。

三、田间管理

鉴于微型薯种薯营养体小，前期生长慢，中期接近正常，后期结薯可达到大种薯产量的特点。要加强前期管理，早除草、早中耕、早培土，从苗期至现蕾期完成 2 次中耕培土，促使块茎形成，防止空心薯和畸形薯。早追肥，磷肥用作种肥或底肥，苗期、花期和后期以钾、氮肥为主。适时灌水，田间土壤相对含水量保持在 65%~75%，促长壮苗；开花至收获期间拔除杂株、病株和可疑株（包含地下株）2~3 次。

出苗后 3~4 周喷杀菌剂，每周 1 次直至收获。同时，依据实际情况喷施杀虫剂预防蚜虫以及其他地上或地下害虫。害虫不但会影响马铃薯植株生长，还能传播病毒，降低种薯质量，相比而言，危害更大。

一季区进行原种繁殖时，要尽可能早种早收。采用覆膜早播和播前催芽等栽培方法，能够促进植株及早形成成龄抗性，减少病毒感染，降低体内病毒运转速度。使用灭秧法早收留种，能降低病毒转移到块茎的概率。国内外研究结果显示，通常认为有翅蚜虫在迁飞后 10~15 天灭秧，可以有效阻止蚜虫传播的病毒向块茎转移。中原二季区使用网纱隔离或早春阳畦繁殖，都能防止蚜虫迁飞和传毒，可极大提高种薯质量。

第五节　马铃薯一、二级种薯繁育技术

一、生产基地要求

种薯生产基地要建立生产档案，全程跟踪管理。播种前检查是否有检疫性有害生物。包括 PVA、PSTVd 等病毒以及癌肿病菌、环腐病菌、马铃薯丛枝植原体及马铃薯甲虫等。若发现其中一种，则不得用作种薯生产田。

二、繁育技术要点

以当地生产模式为主，除下列几点不同之处或特殊说明外，马铃薯脱毒一级和二级种薯的生产标准参照 GB 18133—2012《马铃薯种薯》。一级种薯繁殖田尽量用符合质量标准的脱毒原种作种；二级种薯繁殖田尽量用符合质量标准的脱毒一级种薯作种。生产基地内，繁种田应尽量集中连片，周围用麦类作物相隔离，轮作年限达到 3 年以上。

（一）选择基地

海拔 1 900 米以上的冷凉地区，近三年未种植过马铃薯等茄科作物，土地肥沃，土层深厚，灌溉、排水条件良好，500 米内无高代马铃薯和十字花科作物的地块，适宜作种薯繁殖田。

（二）播种

当 10 厘米地温稳定在 7℃后开始播种。可因地制宜确定播

种时期和栽培方式。干旱、半干旱地区 4 月中下旬播种，阴湿冷凉地区 4 月下旬至 5 月上旬播种。30 克以下小薯整薯播种，大于 30 克的块茎切种，每块至少带 1～2 个芽眼，切种后用甲基硫菌灵拌种；切种拌种晾干后，立即播种（切刀消毒执行 GB 7331 附录 A 规定）。可使用种薯催芽、覆盖地膜等措施，促进早出苗、早结薯、早收获。种植密度可根据繁殖品种适当增大，种薯繁育追求的是单位面积收获薯块数量多，而不是单薯重量大，种植密度为 4 000～5 000 株/亩

（三）田间管理

①中耕锄草。幼苗顶土期闷锄 1 次，锄深 2～4 厘米，不可伤苗；苗齐后深锄 1 次。苗高 26 厘米时，进行一次中耕培土，10 天后进行第二次中耕培土，后期拔大草。

②追肥。结合第一次中耕进行追肥。

③拔除病杂株。及时拔除病株，并连同薯块带出地外。在幼苗期、现蕾至开花初期、收获期分 3 次拔除杂株。

④病虫害防治。病虫害防治方法原种生产相同。

三、收贮及质量检查

（一）收获

成熟前挖除病毒株及薯块。收获前 20 天喷施除草剂或人工割秧进行杀秧。收获时，块茎必须晾晒半天，使表皮老化，拣去有外部缺陷薯及杂薯，装入网袋，加挂标签，标签应符合 GB 20464 规定。

（二）贮藏

收获后在通风干燥的库房内预贮 15～20 天后入窖。贮藏前，以甲醛熏蒸、撒生石灰、喷杀菌剂等方式对窖库进行消毒。入库后，按品种、级别、规格摆放，贮量为库容量的 2/3，温度控制

在 2~4℃，相对湿度 70%~90%，定期通风，二氧化碳浓度不高于 0.2%。保持库内清洁。

（三）质量检查

①生产过程检查。即田间检验，整个检验过程要求 40 天内完成，第一次检查在现蕾期至盛花期，第二次检查在收获前 30 天左右。

②收获后检测。收获后取块茎样品进行病毒病、类病毒、环腐病和青枯病检测。

③库房检查。出库前 3 周至出库期间进行检查，严格剔除病烂薯和伤薯。

第六节　马铃薯脱毒种薯田间检查

一、原原种生产过程检查

温室或网棚中，组培苗扦插结束或试管薯出苗后 30~40 天，同一生产环境条件下，全部植株目测检查一次，目测不能确诊的非正常植株或器官组织应马上采集样本进行实验室检验。

二、原种、一级种和二级种田间检查

采用目测检查，种薯每批次至少随机抽检 5~10 点，每点 100 株（表 4-1），目测不能确诊的非正常植株或器官组织应马上采集样本进行实验室检验。

整个田间检验过程要求于 40 天内完成。第一次检查在现蕾期至盛花期。第二次检查在收获前 30 天左右进行。

当第一次检查指标中任何一项超过允许率的 5 倍，则停止检查，该地块马铃薯不能作种薯销售。

第一次检查任何一项指标超过允许率在 5 倍以内，可通过种植者拔除病株和混杂株降低比率，第二次检查为最终田间检查结果。

表 4-1　每种薯批抽检点数

检测面积/公顷	检测点数/个	检查总数/株
≤1	5	500
>1，≤40	6~10（每增加 10 公顷增加 1 个检测点）	600~1 000
>40	10（每增加 40 公顷增加 2 个检测点）	>1 000

第五章　马铃薯种薯收获与贮藏技术

第一节　马铃薯种薯收获技术

一、收获前的准备工作

收获前 2 周采用割秧、拉秧或专用的马铃薯杀秧机杀秧。

做好收获物品的准备（收获机械、人工、包装等）。

策划收获后种薯的去向（存放、销售等）。

二、适时收获

根据不同品种的成熟期预估收获期，收获前 2~3 周停止浇水。

临近收获时，根据块茎的成熟度并结合田间状况，确定收获日期。

选择晴天收获，若地块较湿，应待薯块表面干燥后再装袋。

根据天气情况考虑水分问题和霜冻问题，适当早收。

三、机械收获方法

当土壤湿度达到田间持水量 60%~70% 时起收。

先用机械把薯块蹚出，再用人工分拣装车。

用大功率机械直接起收装车，要求土壤松散，砂壤土最好。

四、块茎检验

种薯收获和入库期，根据种薯检查面积在收获田间随机取样，或者在库房随机抽取一定数量的块茎用于实验室检测。原原种每个品种每100万粒检测200粒（每增加100万粒增加40粒，不足100万粒的按100万粒计算）。大田每批种薯根据生产面积确定检测样品数量（表5-1）。

表5-1　收获后实验室检测样品数量

种薯级别	≤40公顷*取样量/个
原种	200（每增加10~40公顷增加40个块茎）
一级种	100（每增加10~40公顷增加20个块茎）
二级种	100（每增加10~40公顷增加10个块茎）

注：*为种薯面积单位（公顷）。

块茎处理：块茎打破休眠栽植，苗高15厘米左右开始检测，病毒检测采用酶联免疫（ELISA）或逆转录聚合酶链式反应（RT-PCR）方法，类病毒采用往返电泳（R-PAGE）、RT-PCR或核酸斑点杂交（NASH）方法，细菌采用ELISA或聚合酶链式反应（PCR）方法。以上各病害检测也可以采用灵敏度高于推荐方法的检测技术。

第二节　马铃薯种薯包装与运输

一、种薯包装

（一）纸盒、草袋

原原种一般用纸盒或者草袋进行小规格包装，一般5千克左右。特点是柔软、耐压，适合于低温条件下运输，且价格低廉。

（二）麻袋

优点是坚固耐用，容量大，装卸方便，使用率较草袋高，可多次重复使用。

（三）丝袋、网袋

丝袋优点是坚固耐用，装卸方便。缺点是透气性差。

网袋优点是透气性好，能清楚看到种薯的状态，且价格低廉。缺点是太薄太透，易造成种薯损伤。

所有种薯包装必须附有内外标签，标签应符合 GB 20464 规定。

二、种薯运输

（一）安全运输期

自马铃薯收获之时起，至气温下降到 0℃ 时止。这段时间马铃薯正处于休眠状态，运输最为安全，在此期间应抓紧时机突击运输。

（二）次安全运输期

自气温从 0℃ 回升到 10℃ 左右的一段时间。块茎已度过休眠期，温度达 5℃ 以上，幼芽即开始萌动，长距离运输时，块茎就会长出幼芽，消耗养分，影响种用价值，故应采用快速运输工具，尽量缩短运输时间。

（三）非安全运输期

气温下降到 0℃ 以下的整个时期。为防止薯块受冻，在此期间最好不运输，如因特殊情况需要运输时，必须包装好，加盖防寒设备，严禁早晚及长途运输。

第三节　马铃薯种薯贮藏技术

留作种用的马铃薯收获后，要通过贮藏保鲜来保持生命力，以备翌年播种。所以贮藏保鲜在马铃薯种薯贮藏中具有重要意义。

一、温度

马铃薯种薯的贮藏，一般要求较低的温度，10—11月，马铃薯正处在后熟期，呼吸旺盛，这时应以降温散热、通风换气为主，最适温度应在4℃；贮藏中期的12月至翌年2月，是严寒低温季节，马铃薯块茎易受冻害，这一阶段应防冻保暖，温度控制在13℃；贮藏末期为翌年3—4月，气温转暖，窖温升高，种薯开始萌芽，这时应注意通风，温度控制在4℃。

二、湿度

在马铃薯块茎的贮藏期间，保持窖内适宜湿度，可减少自然损耗，有利块茎保持新鲜度。当贮藏温度在13℃时，湿度控制在85%~90%，湿度变化的安全范围为80%~93%，在这样的湿度下，块茎失水少，不会造成萎蔫，同时也不会因湿度过大而造成腐烂。

三、空气

贮藏窖内必须有流通的清洁空气，既可以减少窖内二氧化碳含量，也可以调节贮藏窖内的温、湿度。如种薯长期贮藏在二氧化碳含量高的窖内，会影响种薯发芽率，也会导致植株发育不良，以致影响产量。

四、堆放方法

窑内堆放方法有堆积黑暗贮藏、薄摊散光贮藏、架藏、箱藏等。

五、管理方法

种薯要分品种、分级别单独存放，防止混杂。

入窑前，要将窑内清理干净，用石灰水消毒地面和墙壁。严格剔除烂、病和伤薯，将泥土清理干净，堆放避光通风处；入窑后用高锰酸钾和甲醛溶液熏蒸消毒杀菌（每 120 平方米用 500 克高锰酸钾兑 700 克甲醛溶液），每月熏蒸一次，防止块茎腐烂和病害蔓延。每周用来苏尔水对过道消毒一次，防止交叉感染。严格控制窑温、湿度，温度保持在 2~4℃，湿度控制在 85%~95%。保持通风，二氧化碳浓度不高于 0.2%。降低贮藏期间自然损耗。

第六章　马铃薯大田生产技术

第一节　薯块处理

目前，我国马铃薯播种以整薯分块播种为主，在薯块切分过程中会造成病菌反复侵染，导致病害流行，给生产造成极大损失，特别是病毒病、疫病等的发生与这一播种方法有直接关系。因而做好薯块处理，是控制病害发生的重要措施之一。目前生产中应用的有效措施有引进种薯、选择优良品种、推广小整薯播种、切块消毒、种薯处理、播前催芽等。

一、引进种薯

种薯是提升单产的重要因素，在引种时应掌握以下几个原则。一是引进脱毒种薯。脱毒种薯可降低马铃薯植株病毒病发病概率或减轻发病症状，提升产量。大田生产可优先选用一级种薯作为生产用种，一级种薯不足时可选择二级种薯。随着种植代数的增加，感病率会逐年上升。二是由高到低原则。即从高海拔、高纬度地区向低纬度地区引种。河谷平原区从浅山区引种，浅山区从深山区引种，东部地区从西部地区引种。三是气候类型、光热资源要相似。四是不盲目引种。应选择引进经当地种子管理部门试验、示范，并列入品种布局的品种。

二、选择优良品种

适宜的品种是保证马铃薯稳产的基础。因此，要根据当地气候条件和不同栽培方式来选择合适的品种。

马铃薯品种根据生育期长短，可分为特早熟（60 天以下）、早熟（61~70 天）、中早熟（71~85 天）、中熟（86~105 天）、中晚熟（106~120 天）、晚熟（120 天以上）6 类。春季气温升高快且夏季高温持续时间较长的地区，冬播马铃薯或早春拱棚生产，可选择特早熟、早熟和中早熟品种。春季播期较晚，在 4 月中下旬播种，9—10 月采挖的高海拔、高纬度地区，可选择中晚熟和晚熟品种。

马铃薯产量高低和稳定状况，除了受冰雹、干旱、持续连阴雨等自然灾害的影响外，品种的抗病性、抗逆性也起着决定性作用，如部分地区马铃薯环腐病非常严重，大部分地区马铃薯经常遭受晚疫病侵害等。要注重在了解品种特征特性的基础上，选择抗病性、抗逆性强的品种，不仅可节约农药施用成本，也可保证产量稳定。

三、推广小整薯播种

病毒感染是马铃薯低产的主要原因之一，马铃薯植株感染病毒后，植株生产能力降低，生长衰弱，光合作用受到阻碍，光合产物积累不充分，因而导致产量下降。而病毒传染的一个重要途径是切刀的传染，小整薯播种可避免薯块在切分过程中感染病毒，可有效地减少退化现象的发生，保持品种的优良性，因而在生产中应推广小整薯播种。小整薯播种时，薯块大小应在 25 克左右。过小，马铃薯幼苗长势弱，影响前期生长；过大，会造成浪费。

四、切块消毒

对于薯块较大的种薯，在播种前 20 天左右进行切块催芽。薯种切块时每个块要至少有 2 个芽眼，每 500 克种薯以切 10~15 块为宜。切薯时应对切刀消毒，切好后用多菌灵粉剂兑水浸种进行杀菌消毒，种薯切好后可晾晒 1 天，但不能在温度高的水泥地上晾晒。刀具消毒执行 GB 7331 附录 A 规定。

五、种薯处理

（一）赤霉素浸种

整薯可用 5~10 毫升/升、芽块用 3 毫升/升赤霉素液浸种 15~20 分钟，捞出沥干水分放入湿沙中，保持 20℃ 左右温度催芽。要严格掌握赤霉素浓度，浓度过大，催出的芽数量多，且细长、瘦弱、叶小，生长不好，影响产量，浓度过小则不起作用。

（二）生根粉浸种

种薯切块后可用生根剂浸种 2 小时催芽。

（三）高锰酸钾浸种

种薯切块后用高锰酸钾 500 倍液浸种 30 分钟，可有效防治黑胫病、晚疫病，而且可补充锰元素，对植株生长发育有明显促进作用，可增加产量。

（四）拌种

种薯切块后可用草木灰、马铃薯拌种剂（参照拌种剂使用说明）或生物钾肥 5 千克兑水拌种。

六、播前催芽

将播种用的整薯或所切薯块，在气温 15~18℃ 和散射光条件下进行催芽，以催出 2~3 厘米长的健壮芽为宜。催芽时种薯堆放的厚度以 2~3 层为宜，并常翻动，使之发芽整齐粗壮。当芽长到长 0.5~1 厘米时，开始播种。

第二节　适时播种

播种是取得高产的重要环节，如播种期、播种深度、垄（行）距、株（棵）距等，直接关系到产量。

一、播种期

马铃薯播种期因品种、气候、栽培区域等不同而有所差异。各地气候有一定差异，农时季节也不一样，土地状况更不相同，所以马铃薯的播种时间也不能强求划一，而需要根据具体情况来确定。总的要求应该是把握条件、不违农时。

一般情况下，确定适宜播种期应考虑以下几方面。

（一）品种生育期

晚熟品种应比中熟品种早播，未催芽种薯应比催芽种薯早播。

（二）气候条件

按照品种的生长发育特点，使块茎形成膨大期与当地雨季相吻合，同时尽量躲过当地高温期，以满足其对水分和湿度的要求。根据当地霜期来临的早晚确定播种期，以便躲过早霜和晚霜的危害。

（三）地温

地温直接影响种薯发芽和出苗。在北方一季作区和中原二季作区春播时，一般以 10 厘米深度地温稳定达到 6~7℃ 为宜。因为种薯经过处理，自身温度已达到 6℃ 左右，幼芽已经萌动或开始伸长。如果地温低于芽块温度，不仅限制了种薯继续发芽，有时还会出现"梦生薯"。一般在当地正常春霜（晚霜）结束前25~30天播种比较适宜。

（四）土壤墒情

马铃薯萌芽时虽然对水分要求不高，但发芽后进入苗期则需要一定的水分。在高寒干旱区域，经常发生春旱，可采取措施抢墒播种。土壤湿度过大也不利于播种，在阴湿地区和潮湿地块，湿度大、地温低，需要采取翻耕或打垄等措施晾墒，土壤湿度以"合墒"最好，即土壤含水量为14%~16%。

（五）栽培制度

间作套种应比单种的早播，以便缩短共生期，减少与主栽作物争水、争肥、争光的时间。

我国地域辽阔，地形复杂，气候条件和栽培制度不同，播种期有很大差异。概括起来可分为春、秋、冬3个播种期。北方一季作区实行春播，一般在土壤表层10厘米土温达到6~7℃时播种，但为避免夏季高温对块茎膨大的不利影响，可根据情况适当推迟播种。平原区一般以5月上中旬播种为宜，高寒山区以4月中下旬播种为宜。中原二季作区实行春、秋两季播种，春播马铃薯宜早不宜晚，以便躲过高温的不利影响，一般2月中旬至3月中旬播种，夏季高温来临前即可收获；秋播，特别是利用刚收获不久的春薯作种时（隔季留种者可适时早播），一定要适期晚播。秋播过早，容易受高温高湿等不利条件影响造成烂种；如果播种过晚，则生长期不足，产量会受影响，一般掌握在7月上旬至8月下旬。华南冬作区，多在10月上旬至11月中旬播种。

二、播种方法

播种方法应根据各地具体情况而定，常采用以下几种方法。

（一）穴播法

在已耕翻平整好的土地上，按株行距要求先划行或打线，然后用铁锹按播种深度挖窝、施种肥，再点种覆土。这种播种方法的优点是株、行距规格整齐，质量较好，不会翻乱上下土层。在墒情不足的情况下，采用挖窝点种有利于保墒出全苗，但人工作业比较费工费力，只适于小面积生产或无机械化生产条件的地区。

（二）沟播法

在已耕耙耱平的土地上，先用犁开深10～15厘米的沟，随后按株距要求将准备好的种薯点入沟中，种薯旁边再施种肥（腐熟好的有机肥料），然后再开犁覆土。种完一行后，空一犁再点种，即所谓"隔犁播种"，行距50厘米左右，依次类推，最后再耙耱覆盖，或按行距要求用犁开沟点种均可。这种方法的优点是省工省力，简便易行，速度快，质量好，播种深度一致，适于大面积推广应用。

（三）机械播种法

国外及我国马铃薯主产区，均普遍采用机械播种法。播种前先按要求调节好株、行距，再用拖拉机作为牵引动力播种，种薯一律采用整薯。机播的好处是速度快，株行距规格一致，播种深度均匀，出苗整齐，开沟、点种、覆土一次作业即可完成，省工省力，抗旱保墒。

三、播种深度

播种深度应根据土质和墒情来确定。一般来说，在土壤质地疏松和干旱条件下可播种深一些，以12～15厘米为宜。播种过浅，易受高温干旱影响，不利于植株的生长发育和块茎的形成膨大，影响产量和品质。在土壤质地黏重和下湿涝洼的条件下，可以适当浅播，深度以8～10厘米为宜。播种过深，容易造成烂种或延长出苗期，影响全苗和壮苗。

四、种植密度

种植密度应根据品种特性、生育期、地力、肥力水平和气温等决定。一般来说，早熟品种株形矮、分枝少、单株产量低，可以适当缩小株距，增加密度。而中、晚熟品种株形高、分枝多、叶大叶多、单株产量高，应加大株距。在肥水充足、通风不好的地块或气温较高地区，可相应降低密度。如果地力较差、肥水不能保证的地块或山坡薄地，可适当加大密度。不同种植方式下种植密度见表6-1。

表6-1　不同种植方式的行株距及密度

行株距/厘米	密度/（株/公顷）	适宜品种类型及栽培模式
60×20	83 355	早熟品种，切块播种
60×27	61 725	早熟品种整薯，中早熟切块播种
60×17	98 025	植株矮小的早熟种、留用种
80×20（每垄2行）	125 055	早熟种留种田
100×25（每垄2行）	80 040	地膜覆盖早熟栽培

第三节　苗期管理

一、苗前管理

春播马铃薯播种后，一般经30天左右才能出苗。在此期间，种薯在土壤里呼吸旺盛，需要充足的氧气供应，以利于种薯内营养物质的转化。许多地区早春温度偏低，干旱多风，土壤水分损失较大，表土易板结，杂草逐渐滋生。针对这种情况，出苗前

3~4 天浅锄或耱地可以起到疏松表土、补充氧气、减少土壤水分蒸发、提高地温和抑制杂草滋生的作用。

二、查苗补苗

出苗后田间管理的中心任务是保证苗全、苗壮、苗齐。全苗是增产的基础，没有全苗就没有高产。所以，出苗后应首先认真做好查苗补苗工作，确保全苗。

查苗补苗应在出苗后立即进行，逐块逐垄检查，发现缺苗立即补种或补栽。补种时可挑选已发芽的薯块进行整薯播种，如遇土壤干旱时，可先铲去表层干土，然后再进行深种浅盖，以利早出苗、出全苗。为了使幼苗生长整齐一致，最好采用分苗补栽的办法，即选一穴多茎的苗，将多余的幼苗轻轻拔起，随拔随栽。在分苗时最好能连带一小块母薯或幼根，这样容易成活。此外，分苗补栽最好能在阴天或傍晚进行，土壤湿润可不必浇水，土壤干旱时必须浇水，以提高成活率。

第四节　中耕培土

中耕培土是马铃薯田间管理的一项重要措施，可疏松土壤、提高地温、消灭杂草、防旱保墒，促进根系发育和块茎形成。马铃薯结薯层主要分布在 10~15 厘米深的土层内，疏松的土层，有利于根系的生长发育和块茎的形成膨大，所以在干旱区尤为重要。

一、中耕培土的作用

适时中耕除草可以疏松土壤，增强透气性，减少土壤水分、养分的消耗，防止"草荒"，促进生长。同时，有利于根系生长和微生物活动，促进有机质分解，增加有效养分。

在干旱时，浅中耕可以切断土壤毛细管，减少水分蒸发，起到防旱保墒作用；土壤湿度较大时，深中耕还可以起到松土晾墒的作用。

在块茎形成膨大期，深中耕、高培土，不但有利于块茎的形成膨大，而且可以增加结薯层次，避免块茎暴露地面见光变质。

总之，通过合理中耕，可以有效地改善马铃薯生长发育所必需的土、肥、水、气等条件，从而为高产打下良好基础。

二、中耕培土的方法

中耕培土的时间、次数和方法，要根据各地的栽培制度、气候和土壤条件决定。

第一次中耕：春播马铃薯出齐苗后就要及时中耕除草。

第二次中耕：在苗高 10 厘米左右时进行。这时幼苗矮小，浅锄既可以松土灭草，又不至于压苗伤根。在春季干旱多风地区，土壤水分蒸发快，浅锄可以起到防旱保墒作用。

第三次中耕：在现蕾期进行第三次中耕浅培土，以利匍匐茎的生长和块茎形成。

第四次中耕：在植株封垄前进行第四次中耕兼高培土，以利增加结薯层次，多结薯、结大薯，防止块茎暴露地面晒绿，降低食用品质和商品性。

第五节　水肥管理

一、适时浇水

由于地域不同、降水量不一，在水分管理时，应立足当地降水实际，因地制宜。马铃薯为高产作物，生长过程中需消耗大量水分，一般亩产 2 000 千克块茎，每亩需水量为 280 吨左右，相当于生长期间 419 毫米的降水量。土壤水分不足，会影响植株正常生长发育，影响产量。

（一）苗期需水与灌溉

马铃薯不同生育时期对水分的要求不同。从播种到出苗阶段需要水分最少，一般依靠种薯中的水分即可正常出苗；出苗至现蕾期，是马铃薯营养生长和生殖生长的关键时期，这时保持土壤水分充足，是保证后期高产的关键。如土壤过分干旱，会导致幼苗生长受到抑制，影响后期产量，需适时浇水并及时中耕松土。

（二）成株期需水与灌溉

现蕾至开花是生长最旺盛时期，叶面积增长迅速，叶面蒸腾量大，匍匐茎也开始膨大结薯，需水量达到最高峰，约占全生育期的 1/2。土壤含水量以田间持水量的 60%～75% 为宜。这时不断供给水分，不仅可以降低土壤温度，有利于块茎形成膨大，同时还可以防止次生块茎的形成。

浇水应避免大水浸灌，最好实行沟灌或小水勤浇勤灌，好处是灌水匀、用水省、进度快、便于控制水量、利于排涝。如积水过多，则土壤通气不良，造成根系呼吸困难，容易烂薯。收获前 5～6 天停止浇水，以利收获，同时可降低储藏期间病、烂薯率。

（三）秋播马铃薯灌溉

二季区的秋播马铃薯与春播马铃薯的灌溉要求截然不同。秋播马铃薯播种正值高温季节，如播后无雨，则每隔 3～5 天浇水 1 次，以降低土温，促使薯块早出苗、出壮苗。浇后及时中耕，增加土壤透气性，避免烂薯。幼苗出土后，如天气干旱，应小水勤浇，保持土壤湿润，促进茎叶生长。至生育中期，气候逐渐凉爽，茎叶封垄，植株蒸腾及地面蒸发量小，可延长浇水间隔，减少浇水次数。

二季区马铃薯生育期短，发棵早，一切管理措施都要立足"早"字，即早播种、早查苗、早追肥、早浇水、早中耕培土，以便促苗快长，实现高产稳产。

二、科学施肥

马铃薯是高产喜肥作物，良好的施肥技术不仅能最大限度地发挥肥效，提高产量，还能增加薯块淀粉含量，改善食用品质。因此，必须根据马铃薯需肥特点，采取合理施肥技术。

在整个生育过程中，需钾肥最多，氮肥次之，磷肥最少。氮肥能促使茎叶繁茂，叶色深绿，增加光合作用强度，加快有机物质的积累，提高块茎中蛋白质的含量，但施用过量，会引起植株徒长，成熟期延迟，甚至只长秧不结薯，严重影响产量。磷肥虽然需量少，但绝不能缺。磷肥不仅能促使植株发育正常，还能提高块茎的品质和耐贮性，如果缺磷，则会导致植株生长细弱甚至停滞，块茎品质降低。钾肥能使马铃薯植株生长健壮，提高抗病力，促进块茎中有机物质积累。

马铃薯在不同生育阶段所需营养物质的种类和数量也不同。发芽至出苗期，吸收养分不多，仅依靠种薯的养分即可满足其正常生长需要；出苗到现蕾期，吸收的养分约占全生育期所需养分的1/3；从现蕾到块茎膨大期，吸收的养分很少。一般对氮肥吸收较早，直到块茎膨大达到顶点；对钾肥吸收虽然较晚，但一直会持续到成熟期；对磷肥的吸收既慢又少。

马铃薯施肥应以有机肥为主，化肥为辅；基肥为主（应占需肥总量的80%左右），追肥为辅。施肥方法分基肥、种肥和追肥3种。

（一）基肥

基肥主要是有机肥料，常用的有牲畜粪、秸秆及灰土粪等优质农家肥。有机肥在分解过程中，可释放大量二氧化碳，有助于光合作用，同时，能改善土壤的理化性质，培肥土壤。

基肥一般分铺施、沟施和穴施3种，基肥最好结合秋深耕施入，随后耙糖。如基肥充足，可将总量的1/2或2/3结合秋耕施入耕作层，其余部分等播种时沟施。如基肥总量少，为经济用肥，提高施肥效果，可结合播种采用沟施和穴施的方法，开沟后先放种薯后施肥，然后再覆土耙糖。

基肥施用量应根据土壤肥力、肥料种类及含量、产量水平来决定。一般情况下，施用量为15～30吨/公顷。有条件的地方可适当增大农家肥比例，这样更有利于提高产量和改善食用品质。

（二）种肥

一般采用农家肥、化肥或两者混合作种肥。有机肥作种肥时，必须充分腐熟细碎，顺播种沟条施或点施，然后覆土。一般每公顷施腐熟的羊粪或猪粪15～22.5吨。化肥作种肥时，以氮、磷、钾肥配合施用效果最好。如每公顷以450千克磷酸二铵、75千克尿素和450千克硫酸钾混合作种肥，较单施磷酸二铵、尿素或硫酸钾增产10%左右。每公顷施用尿素75～112.5千克、过磷酸钙450～600千克、草木灰375～750千克（或硫酸钾375～450千克），或75千克磷酸二铵、75千克尿素（或150千克碳酸氢铵），或105千克磷肥、75千克尿素（或150千克碳酸氢铵），结合播种，条施或点施在两块种薯之间，覆土盖严，投资少，收益高。施用种肥时可同时拌施防虫农药，防治地下害虫。

（三）追肥

生育期间应根据生长情况适时追肥。据试验，同等数量的氮肥，施种肥比追肥增产显著；追肥又以早追效果较好，在苗期、现蕾期、花期分别追施时，增产效果依次递减。所以追肥要尽早，尽量在开花前进行，早熟品种在苗期追肥，中晚熟品种在现蕾期前后追施。早追肥可弥补早期气温低，有机肥分解慢而不能满足幼苗迅速生长的缺陷，促进植株迅速生长，形成较大同化面积，提高群体光合生产率。当植株进入块茎增长期，植株体内的养分即转向块茎，在不缺肥的情况下，就不必追肥，以免植株徒长，影响块茎产量。开花期以后，一般不再追施氮肥。

　　追肥应结合中耕或浇水进行，一般在苗期和现蕾期分次追施，中晚熟品种可以适当增加追肥次数，以满足生育后期对肥料的需求。为了达到经济合理用肥，第一次在现蕾初期结合中耕培土进行，以氮肥为主；第二次在现蕾盛期结合中耕培土进行，此时为块茎形成膨大期，需肥量多，特别是需钾肥多，应以追施钾肥为主，酌情追施磷肥和氮肥。追肥主要用速效性肥料，常用硫酸铵、硝酸铵、尿素作为氮肥，过磷酸钙作为磷肥，硫酸钾作为钾肥。

第六节　收获与贮藏

一、马铃薯的收获技术

（一）收获期选择

　　马铃薯收获是栽培过程中田间作业的最后一个环节。收获时期与产量及利用价值密切相关。

　　马铃薯块茎的成熟度与植株的生长发育密切相关。一般来讲，当茎叶枯黄、植株停止生长时，块茎中的淀粉、蛋白质、灰分等干物质含量达到最高限度，水分含量下降，薯皮粗糙老化，薯块容易脱落，这就是马铃薯成熟的标志，可开始收获。收获过早，块茎成熟度不够，干物质积累少，影响产量，且薯皮幼嫩容易损伤，不利贮藏和加工；收获过晚，会增加病虫侵染机会，且易受冻害，影响贮藏和食用品质。因此，马铃薯收获时期应依栽培目的、气候条件和品种特性而定。但无论任何情况下，收获工作必须在霜冻前完毕。

1. 依栽培目的而定

栽培目的不同，收获期也不同。食用和加工薯以达到成熟期收获为宜，这样有利于干物质积累和产量增加，也有利于贮藏和运输。作为种薯则应适当提早收获，以利提高种用价值，减少病毒侵染。

病毒侵染马铃薯植株后，首先在被感染的细胞中增殖，再侵染附近的细胞。病毒在细胞间的转运速度是很慢的，每小时只有几微米，等病毒到达维管束的韧皮部后，就能以很快的速度（每小时十几毫米）向块茎转运。可见，病毒从侵染上部到侵染块茎要相当长的时间。如能根据蚜虫预报所估计的病毒侵染时间，来确定种薯的适宜收获期，也可在有病毒侵染的条件下获得无毒的种薯。

2. 依气候条件而定

一季区，应在早霜来临前收获。二季区，春播马铃薯应在6月底至7月上中旬收获，秋播马铃薯在9月底至10月上中旬收获。

3. 依品种及后作而定

中、早熟品种，可在植株枯黄成熟时收获，晚熟品种和秋播马铃薯，常常不等茎叶枯黄成熟即遇早霜，所以在不影响后作、块茎不受冻的情况下，可适当延迟收获。

马铃薯收获应选择晴朗天气，采用机械或人工收获均可，但要避免损伤薯块。收获的薯块不宜在烈日下暴晒，以免薯皮晒绿，影响食用品质。收获后，要先放在阴凉通风处风干，剔除病、烂、破、伤薯后，再入窖贮藏。同时，为避免病菌传播，秋耕前须将田间的残留茎叶全部清除干净。

（二）收获方法

1. 收获前准备

检修收获农具，不论机械或木犁都应提前检修备用。盛块茎的筐篓要有足够的数量，有条件的要用条筐或塑料筐装运，最好不用麻袋或草袋，以免新收的块茎表皮擦伤。还要准备好入窖前种薯和商品薯的临时预贮场所。

2. 收获过程安排

可因地制宜采用机械收、木犁翻、人力挖等方式。不论什么方式，都要注意不能因工具不当或方法不对而大量损伤块茎，如发现损伤过多时应及时纠正。收获要彻底，用机械收或畜力犁收后应再复查或耙地捡净。

3. 收获后处理

收获的块茎要及时运回，不能放在露地，更不宜用发病的薯秧遮盖，要防止雨淋和日光暴晒，以免发生堆内发热腐烂及外部薯皮变绿现象。轻装轻卸，尽量不擦伤薯皮、碰伤薯块。入窖前做好预贮措施，要及时通风晾干，促进后熟，同时加快木栓层的形成等。预贮场所应宽敞，预贮可以就地层堆，然后覆土，覆土厚度不少于10厘米。也可在室内盖毡预贮，以便于装袋运输或入窖。刚收获的块茎湿度大，堆高不宜超过1米，而且食用的块茎尽量放在暗处，通风要好。预贮时不能日晒、淋雨。入窖时先剔除病、烂、虫咬和损伤的块茎，然后按品种、按用途分别贮藏，以防混杂，预贮时间15～20天，待块茎表面水分蒸发后入窖。

二、马铃薯的贮藏技术

(一) 贮藏方式

1. 室内贮藏

一是散堆。将马铃薯在室内避光角落散堆，高度不超过 50 厘米，表面可根据情况覆盖松针、泥土等用以保暖和遮光，也有的不盖。在室内存放的马铃薯如已度过休眠期并发芽，去除芽条后仍可食用或饲用。用这种方式，贮藏期可长达 10 个月，且薯块质量损失在 15%～20%。

二是袋装。挑选后的马铃薯装入网状塑料编织袋中，堆放于室内阴暗角落，每袋装约 50 千克，每垛 5～6 袋，并在中间和四周留通道，用于通风。这种方式与散堆相比，优点是易于翻动，可避免底层马铃薯因湿度过大而腐烂。

2. 室外贮藏

即直接在田间堆放贮藏。在高寒山区，受温度、湿度的影响，马铃薯收获后可就地堆放。堆的大小依据所在地块产量而定，长度一般为 2～3 米，宽度一般为 1.5～2 米，堆高一般为 1.1～1.2 米，堆好后再在上面覆盖 5～7 厘米厚的泥土。其优点是就地取材，节约搬运成本。在地势平坦地区，大多堆在道路旁，便于运输，也可堆放在树荫下。小堆为 400～500 千克，大堆为 5 000 千克左右，最多不要超过 10 000 千克，因为，堆大会造成堆内发热，易产生烂薯现象。这种方式可存放 3～5 个月，几乎无损失。一般采用这种方式贮藏的目的是等待马铃薯价格上涨时出售，以获得更好收益。

3. 窖藏

用窖贮藏时，马铃薯受外界气温变化影响较小，有利于保证马铃薯品质。窖址的选择很关键，一般应在地势较高、平坦、向阳、干燥、交通方便的地方建窖。如在夏季贮藏，窖址应选择阴凉、避光、无长时间日照的地方，最好在林荫地带。冬季贮藏，应选择背风、易保暖的地方。马铃薯贮藏窖要在收获前一个月建成，使窖内充分干燥，以利贮藏。

（1）马铃薯的窖藏类型

主要分为地下窖贮藏、地下井窖贮藏、窑洞窖贮藏等。

①地下窖。在地里挖一个深30~40厘米、宽1米、长度2~3米的地下窖，堆好马铃薯后，上面覆盖泥土、稻草或松针等。

②地下井窖。井窖多选择在土壤结构坚实、地下水位低、地势高、干燥的地方修建，一般都建在农户房前屋后不远的地方。有的建在屋后的树林里，有的就直接建在房前十几米的地方。采用向下的圆筒式井窖，井的深度一般为1.6~2.0米，井口直径为1.8~2.0米。顶部有木制半圆形棚架，表面用6~15厘米的泥土覆盖后再盖上杂草、树枝等，以防日晒和雨淋。一般可装马铃薯3 000~3 500千克，贮藏期可长达8~9个月。

③窑洞窖。在土壤坚硬的小山坡上开挖一井窖，与室外地下井窖的结构基本一样，但在窖底挖出一圆形小孔，平时用泥土填上，取薯时直接通过从窖底圆形小孔取出，比较方便，也便于观察窖内贮藏情况。

（2）马铃薯的窖藏方法

对散堆方式入窖的马铃薯，入窖前，应先将窖内的旧土铲除2~3厘米，晾晒1周以上，并用生石灰或喷洒杀菌剂消毒、杀菌。入窖前，马铃薯先在通风、避光的地方阴晒一周以上，使表皮木栓化，薯皮干爽，并除去病、烂、有机械损伤的马铃薯以及薯块表面的泥土。马铃薯在入窖搬运时必须做到轻拿轻放，切莫从窖口直接倒入。

袋装入（窖）库的马铃薯，入窖前先晾晒，使其在库外度过后熟期，然后装袋码垛，包装袋最好选用网眼袋，利于通气散热，垛不要高，每垛之间留1米的通风道。要用木杠将袋子与地面隔开，利于地热及土地湿气的散失。在贮藏期间要经常检查，避免烂窖、冻窖、伤热、发芽、黑心等现象，防止造成重大经济损失。窖贮容量不能超过总容量的2/3，最好为1/2左右。

（二）马铃薯贮藏期间对环境条件的要求

马铃薯在贮藏期间块茎的自然损耗不大，主要是由于贮藏不当，产生伤热、冻害等造成的腐烂。因此，了解和掌握马铃薯贮藏对环境条件的要求，科学管理方法，可最大限度减少贮藏期间的损失。

1. 温度

马铃薯贮藏期间的温度最为关键，如温度过低块茎会受冻，过高则会发生薯堆伤热，导致烂薯。一般情况下，环境温度在−5℃时，块茎2小时内就会受冻；在−1~3℃时，块茎9小时内会冻硬；长期处在0℃左右环境中，芽的生长和萌发会受到抑制，生命力减弱。高温下贮藏，虽然块茎打破休眠的时间较短，但易引起烂薯。因此，马铃薯收获后应尽快贮藏，入库后10天内，温度应保持在13~18℃，且有较高的相对湿度，以利于伤口的木栓化和愈合。10天后，须尽快降温，保持在3~7℃。贮藏的最后两周，可将温度提高到12~20℃。

2. 湿度

贮藏环境的适宜湿度有利于减少块茎因失水造成的损耗。一般情况下，贮藏窖相对湿度应始终保持在85%~90%。

如库（窖）内湿度过大，不仅会造成块茎出现小水滴，俗称"出汗"现象，促使块茎在贮藏中后期发芽并长出须根，还会为一些病原菌和腐生菌创造侵染条件，导致薯块发病、腐烂。

相反，如果贮藏环境过于干燥，虽可减少腐烂，但极易导致薯块失水皱缩，降低块茎的商品性。

3. 光

贮藏应避免见光，光可使薯皮进行光合作用，产生大量龙葵素而导致薯皮变绿，降低商品性。

4. 通风换气

马铃薯在贮藏期间，呼吸会产生二氧化碳，当窖内二氧化碳浓度增高时，一方面会影响薯块的贮藏品质，引起黑心等现象；另一方面，对进入贮藏窖的人也不安全。要定期打开通风口，通风换气。但要注意，换气时应尽量缩短通风时间，避免冷空气长时间进入，使窖内气温与薯温差异太大，对马铃薯造成影响。窖内二氧化碳浓度应控制在 0.5% 以内。

（三）保鲜及防发芽技术

1. 保鲜措施

贮藏过程中保持块茎新鲜，可以提高马铃薯商品性，近年主要采用成膜保鲜剂来保鲜。常用的保鲜剂有甲壳素、壳聚糖、麦芽糖糊精、魔芋葡甘聚糖、褐藻酸钠、石蜡、蜂蜡、蔗糖脂肪酸酯等，在其中加入一定量的抑菌剂、抗氧化剂，通过浸泡成膜、刷膜或喷涂的办法进行被膜保鲜。这种方法的保鲜效果很好，兼有气调、抑制呼吸作用的功能，应用前景广泛。

2. 抑芽剂使用技术

马铃薯度过休眠期后就具备了萌芽条件，当温度在 5℃ 以上时就可发芽，因此，在超过 5℃ 的条件下，长时间贮藏有利于度过休眠期。但是加工薯却需在 7℃ 以上的窖温贮藏，控制不好就会大量发芽，影响品质，降低使用价值。国外马铃薯加工业兴起较早，在原料贮藏方面积累了很多经验。为了解决高温贮藏和块茎发芽的矛盾，在 40 年前就应用了马铃薯抑芽剂，效果十分理想。现在国内也开始推广使用，得到了用户的认可。

（1）剂型

马铃薯抑芽剂分两种：一种是粉剂，为淡黄色粉末，无味，含有效成分0.7%或2.5%；另一种是气雾剂，为半透明稍黏的液体，稍微加热后即挥发为气雾，含有效成分49.65%。

（2）使用时间

块茎解除休眠前而即将萌芽时，是用药的最佳时间，同时还要根据贮藏的温度条件具体安排。如窖温在2~3℃时，块茎处在自然休眠状态，这种情况，可在窖温随外界气温上升到6℃之前用药。如窖温在7℃左右时，则可在块茎入窖后1~2个月用药。抑芽剂一般从块茎伤口愈合后（收获后2~3周）到萌芽之前的任何时候都可以使用，均能收到抑芽的效果。

（3）剂量

①粉剂。按药粉重量计算：用0.7%的粉剂，药粉和块茎的重量比是（1.4~1.5）:1 000，即1.4~1.5千克药粉可以处理1 000千克块茎；用2.5%的粉剂，则药粉和块茎的重量比是（0.4~0.8）:1 000，即0.4~0.8千克药粉可以处理1 000千克块茎。

②气雾剂。按有效成分计算，浓度为30毫克/升最好。按药液计算，每1 000千克块茎用药液60毫升。还可根据贮藏时间适当调整使用浓度：贮藏3个月以内（从用药时算起），可用20毫克/升的浓度；贮藏半年以上，可用40毫克/升的浓度。

（4）用药方法

①粉剂。根据处理块茎的数量，采取不同的方法。如果处理数量在100千克以下，则可把药粉直接均匀地撒在块茎上面；若数量大，则可以分层撒施。有通风管道时，可将药粉随风吹进薯堆，并在堆上再撒一些。撒药后要密封24~48小时。处理的薯

块数量少时可用麻袋、塑料布等覆盖，数量大时要封闭窖门、屋门和通气孔。

②气雾剂。气雾剂目前只适用于贮藏10吨以上并有通风道的薯窖。用1台热力气雾发生器（用小汽油机带动），将计算好数量的抑芽剂药液装入气雾发生器中，开动机器加热产生气雾，使之从通风管道吹入薯堆。药液全部用完后关闭窖门和通风口，密闭24~48小时。

（5）注意事项

抑芽剂有阻碍块茎损伤组织愈合及表皮木栓化的作用，所以块茎收获后，必须经过2~3周，使损伤组织自然愈合后才能使用。切忌将马铃薯抑芽剂用于种薯，以免影响种薯发芽，给生产造成损失。

第七章　马铃薯主要生产技术模式

第一节　春播马铃薯生产技术

一、整地

马铃薯喜轮作，若逐年增施有机肥可连作 2~3 年。其抗盐碱能力弱，当土壤含盐量达到 0.01% 时表现敏感，碱性土壤栽培易感染疮痂病。马铃薯对土壤的适应性强，最喜疏松肥沃、排水良好的田地，对土壤孔隙度的要求很高，疏松的土壤通气良好，有利于块茎膨大，可防止后期块茎腐烂。所以，播种前应精耕土地，做到深、细、匀、松，以保证根系充分发展，为块茎迅速发育奠定基础。前茬作物收获后要先灭茬，然后深耕 30 厘米，深耕后及时耙地过冬，有灌溉条件的还要作畦进行冬灌，以使虚土下沉，表土破碎松软，也可为春季积蓄更多的水分，避免春旱时因灌水而降低地温。开春后要抢时顶凌耙地，碎土保墒。春季因距播期较近，一般不再耕翻，未进行冬耕或冬耕后春季需增施基肥的可进行浅耕。

基肥要求富含有机质，可施用充分腐熟的骡、马、牛、羊等动物粪便及杂草秸秆沤制的堆肥，使土壤松软，肥效完全而持久，特别是骡、马粪有改善马铃薯疮痂病的作用。基肥充足的，结合耕地可将总量的 1/2 或 2/3 翻入耕作层，每亩可施厩肥 1~2

吨，其余的基肥在开沟播种时集中施入。基肥不足时应全部沟施。

播种前穴施种肥，对发芽期薯块中的养分迅速转化，供给幼芽和幼根生长有很大的促进作用。

二、种薯处理与育苗

为保障生长发育和出苗整齐，未通过休眠的种薯须进行种薯处理。有时为接早春绿叶蔬菜茬或节约种薯，可进行育苗栽培。

（一）种薯处理

1. 整薯消毒

消毒一般用 0.3%~0.5% 甲醛溶液浸泡 20~30 分钟，取出后用塑料袋或密闭容器密封 6 小时左右；或用 0.5% 硫酸铜溶液浸泡 2 小时；也可用 50% 多菌灵可湿性粉剂 500 倍液浸种 15~20 分钟，然后切块。

2. 种薯切块

一般在催芽或播前 1~2 天进行种薯切块。切块大小与单株产量有很大关系，切块大，产量高，但用种量多，成本高。一般切块以不小于 30 克为宜。肥力高的地块可小些，肥力差的地块应大些。

切薯的方法有纵切、纵横切及斜切等。切口应距芽眼 1 厘米以上，一般 50 克左右的小薯纵切 1 刀，一分为二；100 克左右的中薯，纵切 2 刀，分成 3~4 块；125 克以上的大薯，先从脐部顺着芽眼切下 2~3 块，然后从顶端部分纵切为 2~4 块，使顶部芽眼均匀分布在切块上。切块时随时剔除有病薯块，应准备两把刀，在切到有病薯块时，刀具需用 75% 乙醇，或 0.5% 高锰酸钾溶液，或 5% 来苏尔水，或 5% 甲醛溶液浸泡消毒。顶部芽眼生长势强且密集，以纵切为宜。若基部芽眼比较衰老，芽眼被薄壁组织压缩，则生长势弱，发芽率低，生产力不高，尽可能不用。

切块时应注意选芽，并且使芽与切口距离合适，这样既不伤芽，又有利于生长和发根。切块应在播种前 1～2 天进行，当温度为 20℃、空气相对湿度为 90%～95% 时，切块伤口容易愈合。生产中也有人在播种前临时切块，然后用草木灰涂抹伤口，这个方法既有局部施肥的效果，又由于伤口愈合较慢、种薯呼吸较强，有促进发芽速度的作用。

种薯切块后要及时做好防腐处理，可用甲基硫菌灵混拌，或用干燥的草木灰边切块边蘸涂切口。防腐处理后将薯块置于通风阴凉的干燥处摊开，使伤口充分愈合并形成新的木栓层后再进行催芽或播种。

3. 暖种晒种

于播种前 30～40 天进行春化处理。第一步暖种催芽，即将种薯置于温度为 20℃ 左右的黑暗环境中 10～15 天，让薯块内淀粉酶、蛋白分解酶等各种酶活动起来分解养分，供给芽眼迅速萌发生长，直到顶部芽有 1 厘米大小时为止。第二步晒种催芽，见芽后为避免幼芽黄化徒长和栽种时碰断，应将见芽后的种薯放在阳光下进行晒种，保持 15℃ 的低温，让芽绿化粗壮，一般需 15 天左右。这个过程中幼芽会生长停止，不断形成叶片、匍匐茎和根原基，使发育提早。同时，晒种能限制顶芽生长，促使侧芽发育，使薯块各部位的芽基本发育一致。各地试验结果和经验证明，晒种一般可增产 20%～30%。但晒种时间不宜过长，否则，会造成芽衰老，引起植株早衰，还易受早疫病侵染。

秋薯芽口紧，春播时为使出苗快而整齐，最好先催芽。方法是在播种前 15～20 天将切好的薯块放在温室或阳畦等温暖的地方，在地面先铺一层 6～10 厘米厚的湿沙，其上放一层薯块，用湿沙覆盖后再放第二层薯块，共放 3～4 层，最后用湿沙盖严，上面覆盖草帘等物防寒保湿。萌芽前温度保持 15～18℃，出苗后保持 12～15℃，并给以散光照射。当芽长 1～1.5 厘米时播种。

也可用赤霉素或硫脲等药剂浸种催芽。赤霉素浸种时，切块用 0.5 毫克/升溶液浸泡 5～10 分钟，整薯用 5～10 毫克溶液浸泡 10 分钟；硫脲浸种时，可用 1/300～1/200 溶液浸泡 4 小时。取出后置于密闭容器中 12 小时，然后在湿沙中催芽。暖晒后的种薯，如果中下部芽很小，不到 2 毫米，为促使出苗后迅速发棵结薯，可于切块后用 0.1～0.2 毫克/升赤霉素溶液浸泡 10 分钟，或用 50 毫克/升甘油赤霉素溶液于播前 15～20 天涂抹种薯顶部芽眼，或用乙醇、水、甘油按 1：3：1 比例混合成溶液喷洒种薯。

（二）育苗

于断霜前 20 天进行育苗。采用冷床方块或密挤排列育苗。种薯单芽切块，播后覆土 3～4 厘米厚，栽植前地温保持在 15～20℃，低温通风锻炼幼苗。长期贮存的种薯休眠期早已通过，可将整薯密挤排列在苗床，上覆土 7～10 厘米。待苗高 20 厘米以上时起出种薯，剔取带根的苗栽植，种薯可再用于培养第二批苗或直接播种大田。

三、播种

（一）播种时间

马铃薯播期因品种、气候等而不同，主要是使结薯盛期处在月平均温度为 17～25℃ 的时间段，避过当地的高温季节和病害流行期。一般春播的早限，在终霜前 30～35 天、10 厘米处地温稳定为 6～8℃时，由于马铃薯苗芽在 4～5℃时便可生长，早播有利于根系发育。但种植过早，会导致温度低不抽芽，在种薯上形成小块茎的仔薯代替芽苗。

（二）播种方法

马铃薯以垄作为主，播种方法多种多样，根据播种后薯块在土层中的位置可分为以下 3 类。

1. 播上垄

薯块播种在地平面以上，或与地平面同高，称播上垄。此法适于涝灾多的地区或易涝地块。其特点是覆土薄、地温高，能提早出苗。但覆土浅会导致抗旱能力差，遇严重春旱时易缺苗。为防止春旱缺苗，播种时可将薯块芽眼朝下摆放，同时加强镇压，用这种方法播种时不宜多施肥。为保证结薯期能多培土，避免块茎外露、晒绿，垄距不宜过窄，用小犁深蹚。常用的播上垄方法是在原垄上开沟播种，即用犁破原垄而成浅沟，把薯块摆在浅沟中，同时施种肥，然后用犁蹚起原垄沟上面的土壤，将其覆到原垄顶上合成原垄并镇压。

2. 播下垄

薯块播在地平面以下，称播下垄。多春旱的地区或早熟栽培时多采用此法。这种播法的特点是保墒好、土层厚、利于结薯、播种时能多施有机肥，但易造成覆土过厚，地温低而导致出苗慢、苗弱。所以，生产中一般在出苗前耕一次垄台，减少覆土，提高地温，消灭杂草，促进早出苗、出齐苗。常用播下垄的方法有点老沟、原垄沟引墒播种、耕台原沟播种等。

①点老沟。这种方法省工省时，利于抢墒，但不适于易涝地块。

②原垄沟引墒播种。在干旱地区或地块，为保证薯块所需水分，在原垄沟浅蹚引出湿土后播种。如播期过晚，可采用原垄沟引墒播法。

③耕台原沟播种。在垄沟较深、墒情不好时采用此法。沟内有较多的土，种床疏松，地温高，但晚播易旱。有秋翻地基础的

麦茬、油菜茬等地，可采用平播后起垄或随播随起垄的播法。平播后起垄可以播上垄，也可播下垄，主要取决于播在沟内还是两沟之间的地平线上，播时多采用铧犁开沟，深浅视墒情而定，按株距摆放薯块、底肥，而后再用土铧犁在两沟之间起垄覆土，随后用木磙子镇压一次，这样薯块处在地面上为播上垄。此法适于春天墒情好、秋天易涝的地块。

3. 平播后起垄

播种时覆土厚度不小于 7 厘米。在春季风大的地区，覆土可加厚至 12 厘米，出苗前耕地，使出苗整齐健壮。

此外，马铃薯种植方法还有芽栽、抱窝栽培、苗栽、种子栽培、地膜覆盖栽培等。芽栽和苗栽是用块茎萌发出来强壮的幼芽进行繁殖。抱窝栽培是根据马铃薯的腋芽在一定条件下都能发生匍匐茎结薯的特点，利用顶芽优势培育矮壮芽，提早出苗，采取深栽浅盖、分次培土、增施粪肥等措施，创造有利于匍匐茎发生和块茎形成的条件，促进增加结薯层次，使之层层结薯、高产高效。种子栽培能节省大量种薯，并可减轻黑胫病、环腐病及其他由种薯传带的病害。因种子小而不宜露地直播，需育苗定植。地膜覆盖栽培，可提高土壤温度、湿度，利于保墒保肥，对土壤有疏松作用，还可抑制杂草生长。

合理密植能充分利用土地、空间和阳光，由于茎叶茂密，可降低地温，对块茎的形成有利。密植程度要根据不同地区、品种和土壤肥力等而定，一般行距 50~60 厘米、株距 20~27 厘米。播种后盖土 10 厘米厚，过浅表土易干，不能扎根，影响出苗。覆土后加盖薄膜，能提早出苗 10 天，增产 20%左右。

育苗栽植采用开沟贴苗法，盖土至初生叶处，然后浇透水，浇后随即中耕，促根系生长。第二次浇水时结合追肥，以后还要分次追肥提苗发棵。秧苗每亩栽 6 000~8 000 株。

四、田间管理

春薯栽培管理要点在一个"早"字，围绕土、肥、水进行重点管理。

（一）肥水管理

1. 水

生长过程中，土壤应始终保持湿润状态，尤其是开花期的头三水更为关键，所谓"头水紧，二水跟，三水浇了有收成"。出苗前土壤墒情好，发芽期的管理在于始终保持土壤疏松透气，降雨后应耙破土壳。团棵到开花期，浇水与中耕紧密结合，土壤不旱不浇，可进行中耕保墒。在块茎形成前灌水能增加薯块数量，薯块形成后灌水能提高块茎重量。

结薯前期对缺水的 3 个敏感阶段分别为：早熟品种在初花期、盛花期和终花期；中晚熟种在盛花期、终花期和花后 1 周。

结薯后期，水分不仅是供植株生长需要，还有调节地温的作用，特别是结薯期正值夏初，可通过灌水降温。灌水必须均匀，尤其是块茎膨大期间，要尽量避免忽干忽湿。块茎形成时，若土壤过旱，则会使薯块表面形成厚肥的木栓化表皮，停止膨大。若再遇降雨、土壤湿润时，块茎又重新开始生长，但因肥厚表皮的包围，使原块茎膨大困难，致使其从芽眼中又重新抽生短匍匐茎，继而膨大形成新的次生块茎，会极大降低品质和商品性。

2. 肥

马铃薯在整个生长发育期需钾最多，氮次之，磷最少。苗期肥水不可过多，特别是氮肥不能过量，否则很易引起徒长，尤其是晚熟品种更甚。

出苗后，结合中耕每亩施硫酸铵 10~15 千克。从出苗到团棵期应利用马铃薯苗期短、发棵早、生长快的特点，提早追施速效氮肥，每亩施纯氮 2.5~5 千克。发棵期追肥应慎重，需要补肥时可放在发棵早期，或等到结薯初期。若发棵中期追肥或虽然已早施但肥效发挥迟，则会引起秧棵过旺，延迟结薯。在发棵到结薯的转折期，如秧势太盛，可喷矮壮素等抑制剂。开花后块茎猛长，这个时期营养生长与生殖生长同时并进，茎叶生长与块茎形成、膨大同时进行。马铃薯各器官的生长发育是有机联系的，前期茎叶的壮大发展是后期块茎迅速膨大的必要条件，因此本阶段前期的中心任务是促进茎叶健壮生长，同时防止茎叶徒长，避免延迟块茎形成。后期的中心任务是稳定叶面积，增强同化功能，防止早衰，促进块茎迅速膨大。

现蕾期可结合中耕培土追施"催蛋肥"，特别要增施钾肥，这时若秧苗长势弱，每亩可配合施硫酸铵 5 千克左右。据试验，现蕾期每亩追施草木灰 100 千克，可增产 26%。

开花盛期，每亩可施草木灰 600 千克左右，以利块茎的形成和膨大。

采收前约 1 个月，为加强同化物质向块茎转运，提高淀粉含量，可用 1%硫酸镁溶液，或 1%硫酸钾溶液，或 1%过磷酸钙浸出液叶面喷施。

注意，有机质含量高或肥水条件特别好的地块，遇到高温天气会造成植株徒长。可选择在现蕾末期至开花初期，喷洒 15%多效唑可湿性粉剂 60~90 毫克/升溶液。使用后若仍有旺长趋势，可隔 1 周再喷施 1 次。喷药最好选择在晴天上午露水消失后或14:00 后进行，如喷药后 6 小时内遇雨，需补喷 1 次。早熟品种、植株较矮的中早熟品种一般不施用，否则会抑制营养生长，造成减产。

（二）中耕培土

马铃薯块茎是由腋芽尖端膨大形成的，腋芽形成枝条或形成块茎，完全取决于该枝条个体发育时的生态条件。匍匐枝暴露在光照下时先端不膨大，会形成普通枝条，而把普通枝条置于黑暗中时，先端可长成肥大块茎，由此证明，黑暗是形成块茎的必要条件，而加厚土层是造成黑暗条件的有效措施，所以生产中马铃薯必须经常培土。马铃薯培土应做到早培、多培、深培、宽培，一般应从株高 10 厘米左右时开始培土，每 15 天 1 次，共 2~3 次，厚达 13~17 厘米即可。

春播马铃薯薯中耕宜早，特别是出苗前，每次雨后必须中耕，可使表土疏松，不仅可保持水分，还对发芽出苗有利。出苗后直至封垄前可再中耕 1~2 次。为使养分集中，结合中耕尽早除去过多的萌蘖，每穴留苗数量依播种密度、肥力及品种等而定，一般为 1~2 株。留苗过多时仔薯增加。第一遍中耕应深锄垄沟，使土壤松软如海绵，以利气体流通交换，在封行前中耕培土 1~2 次，注意中耕要浅，以免伤及匍匐茎和幼薯；培土要厚，以防薯块外露，并降低地温。培土时应注意保留住茎的功能叶。

第二节　秋播马铃薯生产技术

马铃薯需要的光热较少，加之生长期短，故 6 月采收春薯后，同年内可再种植收获秋薯。

一、精细整地，施足基肥

为满足马铃薯对土壤养分的需求，前作收获后深耕土壤 20 厘米以上，细耙 2 遍，做到地面平整、上虚下实。结合整地，每亩施土杂肥 3 000~5 000 千克或腐熟干鸡粪 1 000~1 500 千克、三元复合肥（氮15%、磷15%、钾15%）100~150千克。基肥分2次施入，1/2于耕前撒施，1/2在播种时条施在播种沟一旁或隔穴施于播种沟内。为增加土壤中钾的供应量，可增施化肥总量10%的硫酸钾。

二、选种催芽

（一）选种

秋播马铃薯一般采用当年春薯作种，若用休眠期长的品种，则发芽延迟，出苗后不久即遇寒流，产量低。所以，秋薯应尽量选生长期短、易发芽的品种，如丰收白、白头翁、双季一号、红眼窝。费乌瑞它是从荷兰引进的早熟品种，生长快，品质好，淀粉含量12%~14%、粗蛋白1.6%、维生素C 13.6%，适合出口，是优质的秋薯品种。选中小薯作种，尤其以小整薯为好。种薯用64%噁霜·锰锌或50%多菌灵可湿性粉剂500~600倍液浸泡15~20分钟消毒杀菌。

（二）催芽处理

秋播时春薯正处休眠状态，所以打破休眠和催芽是秋播的第一关。秋播时尽量选用薯块上半部作种，并从贴近芽眼处切开。为了避免种薯在高温高湿条件下腐烂，种薯切开后要用清洁的凉水把切口上的渗出液和淀粉洗去，晾干水分后再进行催芽。催芽应选阴凉、通风、避雨的地方，先在地上铺厚约10厘米的湿沙，再将种薯一层一层摆上去，共3~5层，层间用沙隔开，上面盖好。催芽期间温度保持25~28℃，湿度以手握沙能成团即可（湿度过大易烂种），经7~10天，当芽长0.5~1厘米时即可播种。

种薯发芽后也可进行摊晾，这样可使幼芽由细变粗、由白变绿，更加粗壮，播种后出苗快、烂种少。

赤霉素无药害，催芽速度快，还有促进生长的效果，是打破休眠的理想药剂。配制时先用微量乙醇溶解，再加水配成溶液，配好的赤霉素溶液可连续使用 1 天，用 1 克赤霉素配制的溶液可浸泡 1 000~1 500 千克种薯。

1. 切块处理法

种薯经挑选后，选择雨后晴朗天气或傍晚时刻、气温 27℃ 以下的阴凉通风场所进行切块。边切块边浸种，不可堆成堆，否则薯堆呼吸生热，切伤面易感染酵母菌，使切面发黏，浸种后不易晾干。浸种用的赤霉素浓度因品种、种薯贮存天数、播种方式（催芽或直播）而有差别。浸种后捞出，切面朝上摊放在凉席，选择通风、阴凉处，尽量使切面能在 0.5~2 小时内晾干。晾干的标准是，用食指轻触切面无丝毫黏滞感，手指轻轻滑过切面感到滑溜。切块也不可晾得过干，否则切块边缘会变色，周皮与薯肉易分离，烂块常因此发生。

切块晾干后即可置于土床上分层催芽。芽床应设在通风遮阴避雨处，床土以砂壤土为宜，透气保墒的黏壤土次之。床土事先备好，湿度达到手握成团、丢下散开为宜。过湿会引起烂块，过干不能发芽。切忌上床前后喷水。切块上床后 6~8 天、芽长度达 3 厘米时拔出切块，堆放在原地，经散射光照使芽绿化变紫，如此锻炼嫩芽 1~3 天。

2. 整薯处理法

用整薯播种可有效控制细菌病害导致的烂秧死苗。整薯有完整周皮保护，不容易吸收赤霉素，因此处理时药液浓度应大些、时间应长些。休眠期短的品种，或芽已萌动的种薯，可用 2~5 毫克/升赤霉素溶液浸种 0.5~1 小时，捞出后随即直播于湿润的土壤中，以免薯皮和土壤干燥，致使赤霉素失效。休眠期较长的品种可用 10~15 毫克/升赤霉素溶液浸种 0.5~1 小时，捞出后随即堆积在阴凉通风避雨处，薯堆上盖湿润细土6~7厘米，再覆盖草棚保墒，出芽后经绿化锻炼即可播种。收获1~2个月的整薯发芽不齐，一般分3批20天完成催芽。少数用赤霉素溶液浸泡无效的品种，可用甘油赤霉素溶液涂抹法。

3. 整薯甘油赤霉素处理法

甘油有亲水保水性，与赤霉素混合使用效果好。方法是赤霉素浓度为50~100毫克/升，甘油与水的比例为1：4，将两种溶液混合，在种薯收获后20天用棉球蘸药液涂抹薯顶或喷雾。

在催芽过程中为防止烂薯，应确保做到"三净三凉"（水净、沙净、刀净，凉时切块、凉水洗冲、凉沙催芽）、控制苗床水分、防止雨淋、保证通气良好等。

三、适时播种保全苗

秋播马铃薯生育期短、发棵小，播种密度应适当加大，一般每亩留苗6 000~7 000株。秋播常会遇到由于高温干旱、土壤板结或土壤阴湿紧实而引起薯块腐烂造成的严重缺株、断垄现象，因此，在生产中要将防止烂块、力争全苗作为重中之重，播种时必须保证土壤具备发芽所需的凉爽、湿润、通气条件。

（一）偏埂深播

秋薯种浅了怕高温，种深了又怕雨涝，生产中可采用东西畦、南高北低的方式，把薯块种到埂北腰部，这样太阳晒不着且排灌方便。同时，因播于埂侧，土壤疏松，覆土可稍深些。当快要出苗顶土时再把垄顶土壤扒开，这样更利于出苗。也可采取挖浅沟深5厘米，平放种薯，然后在两行种块中间开沟起垄，耙平垄面，种薯表面距垄面10~12厘米，种薯处于垄底与垄面之间，高于地表，可避免湿度过大烂种。

（二）凉时抢种，小水勤浇

播种要避开雨天，最好在下午或早晨地凉时趁墒播种，这时地温低，不易伤芽。播后缺墒的，趁早晚小水灌溉，既可降温，又可避免垄背板结，有利出苗。播后最好用玉米秸秆或遮阳网覆盖地面，降低土壤温度，减少水分蒸发。

（三）早中耕，勤保墒

出苗前过多灌溉，特别是大水漫灌，极易造成土壤板结，引起烂薯。故中耕要早，尤其是出苗前后松土更为重要。出苗前若能进行土面覆盖，更有利于促进出苗。

四、加强管理促早发

秋薯生长后期易受早霜危害，要抓住有利的生长时期，特别是生长前期要加强管理，培育壮苗，促进早发，形成强大的同化器官，为中后期块茎肥大奠定基础。所以，秋薯栽培除基肥要充足外，出苗后要进行抗旱降温、小水勤灌，及时中耕、严防板结，同时早施苗肥，猛促生长。后期又要注意保温，以延长收获期，提高产量。方法是增加培土厚度和压秧。压秧就是把植株地上部顺垄压在垄内，这样即使有轻霜，秧苗也不至于全部枯死。

五、防寒迟收夺高产

为使秋薯优质高产，应尽量延长马铃薯在田间的生长期，生长期间向植株周围多次培土、覆草、施草木灰，既可保温保湿，又可防止冻害。若扎拱棚覆盖薄膜防霜冻，可延迟收获近 1 个月，增加产量。扎棚要在 10 月中下旬，即早霜来临前完成。白天外界气温低于 15℃、夜间在 7℃以上，可全天通风。白天气温低于 15℃、夜间低于 7℃，白天通风要由小到大，再由大到小，顺序通风；夜间少通风或不通风，以免霜害，这样可延迟到 11 月上旬收获，一般应在基叶被酷霜打死后收获。收获应选择晴天 9：00—16：00 进行，刨收的薯块在田间晾晒 3～4 小时，然后挑选、入窖贮藏。刚收获的薯块切不可装入编织袋，以免装袋碰伤表皮，薯块失水变软，影响商品品质。

六、秋薯栽培其他繁殖方法

秋薯栽培中还有整薯直播、老本再植和掰杈扦插等繁殖方法。

1. 整薯直播

整薯直播就是用不经切块的完整薯块播种。种植秋薯时正是高温多雨季节，也是病菌易蔓延之际，切块播种不仅易烂块，缺株严重，而且细菌性病害如环腐病、青枯病等常因切刀带菌而蔓延。用整薯播种不经切块和冲洗，不仅操作简便，种薯上没有刀伤、病害少，容易保证全苗；同时，整薯本身营养充足，顶端优势明显，大部分植株均由顶芽长成，所以出苗齐、幼苗长势强，产量一般比切块薯提高 60% 以上。

春薯收获后选择重 25～50 克的块茎做种薯。将其摊开贮存于干燥通风的室内，播前 10～15 天再转入阴凉处沙积催芽。整薯播后多头出苗，应间苗掰蘖，每穴留 1～2 株，因整薯播种发棵大，故播种密度应较切块种植稀些。另外，整薯播种出苗较慢，尤其对休眠期长的品种最好用赤霉素浸种催芽，所用赤霉素浓度依品种而异。

2. 老本再植

老本再植是在春薯收获前 7～10 天，选择健壮的植株，割去上部枝叶，留下 15 厘米高的老植株（老本），连同下部小薯一起挖起重新栽植，使其继续形成大薯。也可不另栽植，只在收取大薯后培土灌水，使其重新生长结薯，此法称之为"剪秧扒豆"。老本再植不仅能够成活结薯，还有防止品种退化之效。

3. 掰杈扦插

掰杈扦插，是在春薯盛花期从健壮植株中下部选择长 23~27 厘米的分枝，横向掰下，使芽杈的茎部带一块马蹄形茎盘，然后将其底部在 100~200 毫克/升萘乙酸溶液中浸泡 5~10 分钟，或在 20 毫克/升 2,4-滴溶液中浸 20 分钟后进行栽植。将侧枝截断成带 1~2 叶片、长约 60 厘米的段条，先插于苗床中，经 10 天左右生根，然后栽植，也能取得较好的效果。该法节省种薯，利于株选，特别是能充分利用生长季节，适用于生育期较短的夏播地区。

第三节　冬播马铃薯生产技术

冬播马铃薯是目前较为理想的冬种作物之一，栽培容易，生产期短，成本较低，产量高，用途广。

一、选择地块、整地施肥

冬播马铃薯要避免选择前茬为茄科作物的土地，最好选择排水性好、土层深厚、前茬为水稻或玉米的地块。前茬作物收获后要及时深耕、整地，深度在 35~40 厘米，以打破犁底层，为马铃薯块茎的生长和膨大创造环境；标准是地表平整、无大土块、透气性好。

种植前开沟、施肥、覆膜是提高土地肥力和温度，辅助薯块顺利发芽、生根，降低薯块感染病虫害概率，提高产量的关键。开沟位置要与覆膜相协调，如覆膜宽度为 75 厘米，需在 1 米左右位置划线，而后在距划线 35 厘米位置开沟，沟深 15~20 厘米、宽约 15 厘米，目的是方便施基肥、喷药，为马铃薯生根、发芽提供营养物质，创造良好的生长环境。目前，冬播马铃薯种植采用两种覆膜方式，一种是先覆膜后播种，一种是先播种后覆膜。无论哪一种覆膜方式都要注意覆土问题，覆土是薯块出苗的重要因素，不可忽视。

二、播种

（一）种薯选择及处理

1. 种薯选择

选用休眠期短的中早熟品种，种薯薯形规则、表面光滑、无病害、无伤口，目前常用品种有抗疫白、早大白、早熟 180、大西洋等。

2. 种薯处理

马铃薯在收获后有 50~60 天的休眠期，凡未萌发的种薯都要进行催芽。播种前半个月将种薯放在温暖的室内，用稻草围起，当芽长至 1~2 毫米时，置于阳光下晒 2 天，使芽眼萌动。有环腐病的薯块此时容易腐烂，应及时剔除。

催芽方法如下。

①摊晾。种薯购回后，置于室内干燥、通风处均匀摊开。如果发现薯块有部分腐烂，要及时剔除。

②切块。一般在种植前 10 天进行。马铃薯的顶端芽眼首先发芽，并有抑制中、下部芽眼萌发的作用，如顶端幼芽遭受损伤或被切除，则其他芽眼会迅速萌发。为了获得较多的种薯，就要对马铃薯进行切块。办法如下：150 克以上的大薯从中部横切下，顶端部分纵切为 2~4 块，每个切块具有 1~2 个芽眼，并且都连接有顶端部位，脐部切 2~3 块；100 克左右种薯，横、纵各切 1 刀，分为 4 块。50 克左右小薯纵切 1 刀，分为 2 块。50 克

以下小薯在顶部切下 0.6~0.8 厘米即可，不要完全切开。

③消毒。薯种切块后用多菌灵或百菌清药液喷洒消毒，喷湿即可。也可用草木灰涂切口。晾干后进行沙床催芽。

④催芽。在室内干燥、通风处进行催芽。用清洁干净的河沙在通风阴凉处作催芽床，将切好的薯块密集平铺于地面，然后盖上湿河沙 3 厘米厚。在河沙上密集铺放小块茎，再在其上铺盖上河沙。如此一层小薯块一层湿河沙（铺放 2～3 层为宜），铺好后用麻袋或禾秆围盖好。经 6～8 天后，当大部分薯块萌发出芽（芽长出一粒花生仁大小）便可播种。注意事项：要经常检查河沙湿润度，太干要及时喷水，忌底部积水。

（二）播种

播期为 12 月中旬至月底，每亩 4 000~4 500 株，深 8～10 厘米，采用行种垄作。垄宽 50 厘米，垄间距 30 厘米，每垄两行，株行距 30 厘米×35 厘米，挖窝点播、起垄（垄高 15 厘米），再覆膜、地膜采用 70 厘米宽的超薄膜，膜面平整、拉紧，两边压严实。若用双膜覆盖，再用 4 米宽的棚膜每 3 垄盖 1 小拱棚。在畦面开两行种植沟（中间间隔 28 厘米），放种薯（每块薯种间隔 25 厘米），芽眼向上，覆土盖种。种后立即灌一次跑马水，灌至离畦面经约 3 厘米，切勿浸过畦面。以免引起种薯腐烂。1～2 天后用异丙甲草胺、甲草胺或精异丙甲草胺喷施畦面除草，最后盖上稻草。

三、田间管理

（一）放苗

冬播马铃薯一般播后 30～40 天出苗，见苗后每 2 天于早晚各放苗 1 次并封好苗口。

（二）灌水与通风

苗齐后灌水 1 次，显蕾期进行第二次灌水。若用双膜覆盖，待苗高 10 厘米以上，棚内温度达 25℃，开始通风炼苗，之后通风量逐渐增大，以免因高温灼伤幼苗，当外界温度稳定在 12℃以上，便可揭棚。

（三）摘除花蕾

马铃薯现蕾期，要及时摘除花蕾，以减少养分消耗，促进块茎生长。

（四）追肥

出苗六至七成时，每亩用 5 千克尿素、5 千克复合肥加水 2 000 千克淋施。复合肥要隔夜浸，方便溶解；苗高 10 厘米左右时，每亩用 5 千克尿素、5 千克复合肥加水 2 000 千克淋施，并进行小培土；封行后，每亩用 5 千克尿素、7.5 千克复合肥加水 2 000 千克淋施并进行大培土。最好用低浓度猪尿水勤施薄施，这样可提高商品率，增加产量。大培土是决定马铃薯成品率的关键措施，培好土，使其结薯和薯块膨胀均在土壤里面，避免了薯块露出而表皮变绿。

（五）水分管理

播后要保持土壤湿润，利于早出苗，生长过程中要始终保持土壤湿润。田间土壤表面发白、土壤缺水时应灌水，水量以灌到畦高的一半为宜，待畦面土壤渗透水后排水。收获前田间沟底不渍水，仅保持土壤湿润即可。雨水过多时注意排水，收获前 15 天田间不能有渍水，以防薯块吸水过量而裂口或腐烂。

四、病虫害防治

（一）病害防治

对冬播马铃薯为害较重的有环腐病、早疫病、晚疫病及皱缩花叶病等。环腐病及皱缩花叶病可用松酯酸铜进行防治；晚疫病可喷噁霜灵进行防治；早疫病可用百菌清或噁霜灵进行防治，病害严重时可拔除染病株。

（二）虫害防治

马铃薯虫害主要有地下害虫地老虎、蛴螬、金针虫，以及地上害虫马铃薯瓢虫等。对地下害虫，可在播种前整地时用辛硫磷、敌磺钠等提前预防；对地上害虫，可用高效氯氰菊酯等及时喷雾防治。

五、及时采收

双膜栽培的冬播马铃薯在 4 月中旬下层叶片开始枯黄时即可采收，地膜单层覆盖的冬播马铃薯在 4 月下旬至 5 月上旬开始采收。采收过早薯块尚未膨大，影响产量，过迟则市场价格下跌影响收益。

第四节　马铃薯水肥一体化生产技术

一、马铃薯需水规律与灌溉方式

（一）需水规律及需水量

了解并掌握马铃薯的水肥需要规律，是获得高产的前提。马铃薯对水的需求，因气候、土壤、品种、施肥量及灌溉方法不同而异，如栽培在肥沃的壤土上，每生产 1 千克块茎耗水 97 千克，而栽培在贫瘠的砂质土上，则需要耗水 172.3 千克。至于每亩地的需水量，主要依产量指标来定。

从各生育时期需水量来看，幼苗期（出苗至现蕾）需水少，占全生育期总需水量的 10% 左右；块茎形成期（多数品种为现蕾至开花期）需水量约占 30%，是决定块茎数目的关键时期；块茎增长期（多数品种为盛花至茎叶开始衰老）需水量占 50%

以上，是决定块茎体积和重量的关键时期，需水量最多，对土壤缺水最敏感；淀粉积累期（多数品种为终花期至茎叶枯萎）需水量占 10% 左右。从马铃薯的需水规律来看，需要关注的是幼苗期、块茎形成期和块茎增长期。

（二）灌溉方式

传统的"大水大肥"栽培习惯常存在以下问题：过量灌溉引起马铃薯根、薯块腐烂，而灌溉不足则使植株生长、薯块膨大受到影响；施肥不按照马铃薯营养需求进行，前期大量施肥，致使吸收不完全，肥料流失严重，而正值需肥高峰期，却已封行无法追肥。

目前，灌溉效果较好的节水灌溉方法是喷灌和滴灌。喷灌灌水均匀，少占耕地，节省人力，但受风影响大，设备投资高。滴灌节水效果最好，主要使根系层湿润，可减少马铃薯冠层的湿度，降低马铃薯晚疫病发生的概率，与喷灌相比又节省开支。水肥一体化技术应用较多是滴灌，采用此技术为马铃薯施肥，可有效地减少传统灌溉存在的问题。与常规灌溉（淋灌）、施肥相比，水肥一体化技术可节水 47.2%，节肥 40%~60%，并使产量提高 2.2%~4.4%，每亩可增加收入 271.42~661.56 元，增幅 10.9%~26.5%。

二、马铃薯膜下滴灌水肥一体化技术

国家马铃薯产业技术体系呼和浩特综合试验站通过集成抗旱品种、种薯处理、合理密植、水肥一体化膜下滴灌、平衡施肥、农机配套、病虫害综合防控等技术，经多年多点试验与示范，总结出了马铃薯膜下滴灌水肥一体化高产高效生产技术。

（一）耕翻整地

深耕土壤 35~40 厘米，耕翻时每亩施优质农家肥 1 500~

2 000 千克，耕后用旋耕机整地，达到地平土碎的效果。

（二）选用良种

选用高产抗旱脱毒种薯，每亩 3 500~3 800 株，每亩用种量 140~150 千克。

（三）种薯处理

1. 催芽

播种前 10~15 天，将种薯放在 18~20℃的室内，3~5 天翻动 1 次，10 天左右长出 0.5~1 厘米的粗壮紫色芽后即可切块播种。

2. 切种

切块大小为 35~40 克，并要保证有 1~2 个以上健全的芽眼；切块时要用 0.5%的高锰酸钾水溶液进行切刀消毒，两把刀交替使用，及时淘汰病烂薯。

方法：51~100 克种薯，纵向切成 2 块；100~150 克种薯，纵斜切法切成 3 块；150 克以上的种薯，从尾部依芽眼螺旋排列纵斜向顶斜切成立体三角形的若干小块。

3. 拌种

12.5 千克 70%甲基硫菌灵可湿性粉剂+2.5 千克 78%波尔·锰锌可湿性粉剂均匀拌入 100 千克滑石粉，可拌 10 000 千克薯块。拌种后不积堆。

（四）建立滴灌系统

1. 建立滴灌系统

根据土壤质地、地形、栽植规格、水源、电力等基本情况，确定合理的管道系统，再根据有效湿润区的面积和土层深度、滴头间距、毛管大小及最大铺设长度等建立灌溉系统。如果是利用冬闲的水稻田种植马铃薯，则需采用可回收的滴灌系统，以便马铃薯收获后不影响第二年的早稻种植。通常用薄壁滴灌带，滴头间距 20~30 厘米，流量 1.0~1.5 升/时，铺在两行马铃薯之间，放在土面上，首部可固定或移动。如果场地允许，可在田头建一泵房，将首部安装在泵房里，如果没有场地，可将柴油机水泵或汽油机水泵和过滤器组装在一起成移动式。灌溉以少量多次为原则，每次灌溉面积 5~10 亩，时间为 2~4 小时。

2. 铺设方式

滴灌带南北方向铺设，滴灌带间距 85 厘米，管径 16 毫米，滴头间距 30 厘米，滴头流量 1.2~1.4 升/时。主管道铺设应尽量放松扯平，自然通畅，不宜拉得过紧，不宜扭曲。滴灌带在马铃薯播种后由机械将垄顶刮平后铺设，第一次中耕时将滴管带埋入土中，为避免滴管带压扁，此时应打开滴灌系统使滴管带处于滴水状态。

（五）适时播种

1. 种肥

每亩施马铃薯复合肥 120 千克、磷酸二铵 20 千克。

2. 播种方式

地膜宽 1.1 米，机械覆膜点播，覆膜后起垄占地 0.7 米宽。播种深度，砂壤土一般为 20 厘米，黏土为 15 厘米。

3. 种植密度

每亩 3 500~3 800 株，即大行距 130 厘米、小行距 30 厘米、株距 22~24 厘米。

4. 播种时间

25 厘米处地温达到 8~10℃时播种，一般在 4 月下旬至 5 月上旬。

（六）田间管理

1. 出苗前

播后要防止牲畜践踏，大风破膜、揭膜，出苗前 10 天左右要用中耕机及时进行覆土，以防烧苗；出苗期要观察放苗。

2. 浇水追肥

采用管道施肥，操作非常简单，只要将肥料（固体或液体）倒入施肥罐或肥料池，启动施肥泵，系统吸水与吸肥会同时进行，所有肥料在灌溉时由水泵吸入滴灌系统，做到施肥不下田，水、肥会随着灌溉系统运输到马铃薯根部。每种肥料最好单独施用，肥料之间不会存在相互反应，如施完尿素施氯化钾，施完硫酸镁施磷酸二铵等。施肥后保证足够的时间冲洗管道，这是防止藻类生长堵塞系统的重要措施。冲洗时间与灌溉区的面积有关，一般滴灌为 15~30 分钟，微喷为 5~10 分钟。收获前，将田间滴灌管和输水管收好以备来年使用。

①第一次滴灌。播后根据土壤墒情滴灌补水，土壤湿润深度应控制在 1 厘米以内，避免浇水过多而降低地温从而影响出苗，造成种薯腐烂。第一次滴灌时，须严查各滴灌带连接是否可靠。

②第二次滴灌。出苗前，及时滴灌出苗水，使土壤湿润深度保持在 35 厘米左右，土壤相对湿度保持在 60%~65%。

③第三次滴灌。出苗后 15~20 天，植株需水量开始增大，应进行第三次滴灌，使土壤相对湿度保持在 65%~75%，土壤湿润深度为 35 厘米。结合浇水进行追肥，每亩追施尿素 3 千克。每次施肥时，先浇 1~2 小时清水，然后开通施肥灌进行追肥，施完肥后再浇 1~2 小时清水。

④中期滴灌。在现蕾期、盛花期，根据土壤墒情进行滴灌 2~3 次，结合浇水进行追肥，每次每亩追施尿素 3 千克、硝酸钾 3~5 千克。保持土壤湿润深度 40~50 厘米，每次施肥时，先浇 1~2 小时清水，然后开通施肥灌进行追肥，施完肥后再浇 1~2 小时清水。

⑤中后期滴灌。在块茎形成期至淀粉积累期，应根据土壤墒情和天气情况及时进行灌溉。始终保持土壤湿润深度 40~50 厘

米，土壤水分状况为田间持水量的75%～80%。可采用短时且频繁的灌溉方式。

⑥后期滴灌。终花期后，滴灌间隔的时间拉长，保持土壤湿润深度达30厘米，土壤相对湿度保持在65%～70%。黏重的土壤收获前10～15天停水，沙性强的土壤收获前1周停水。以确保土壤松软，便于收获。

⑦叶面施肥。在块茎膨大期、淀粉积累期用磷肥和钾肥各喷施1次，用量100克/亩；在现蕾期、开花期、末花期各喷施多元微肥1次，每次用量200克/亩。

（七）杀秧收获

杀秧前要及时拆除田间滴灌管和横向滴灌支管。可用杀秧机机械杀秧。机械杀秧或植株完全枯死1周后，选择晴天进行收获。尽量减少破皮、受伤，保证薯块外观光滑，提高商品性。收获后薯块在黑暗下贮藏以免变绿，影响食用和商品性。

三、马铃薯滴灌水肥一体化技术

（一）地块选择

马铃薯不适合连作，种植地块要选择前茬未种植过马铃薯等茄科作物的地块，与水稻、玉米、麦类等作物轮作效果较好。马铃薯生长需要15～20厘米的疏松土层，整地时一定要将大的土块破碎，使土壤颗粒大小适中。有机肥可以在整地时施入并混合均匀。当用化肥作为基肥且施肥量较大时，可在整地时施入，也可在播种时将肥料集中施在播种沟内或播种穴内。

（二）播种时期

确定马铃薯播种时期的重要条件是生育期的温度，原则上要使马铃薯结薯盛期处于平均温度15～25℃的条件下。适于块茎持续生长的时间愈长，产量也愈高。一般当10厘米地温稳定在7～

8℃时就可以播种。

（三）播种深度

播种深度受土壤质地、土壤温度、土壤含水量、种薯大小与生理年龄等因素的影响。当土壤温度低、土壤含水量较高时，应浅播，盖土厚度 3~5 厘米。土壤温度较高、土壤含水量较低，应深播，盖土厚度 10 厘米左右。种薯较大时应适当深播，而种植微型薯等小种薯时应适当浅播。老龄种薯应在土壤温度较高时播种，并比生理壮龄的种薯播得浅一些。土壤较黏时，播种深度应浅些；土壤沙性较强时，应适当深播。

（四）种薯准备

1. 种薯选择

马铃薯的休眠期一般为 2~3 个月，但同一品种的微型薯休眠期长于普通种薯的休眠期。一般用生理壮龄的块茎播种，才能做到出苗快、出苗整齐、根系发达、叶面积发展快、产量高。

2. 切薯

种薯块茎较大时，通过切种可以节省大量种薯，提高繁殖系数。切块时应使用刀口锋利的刀具，最好每人准备两把刀具进行切块。切块的大小以 35~45 克为宜，每个切块必须带 1~2 个芽眼。切块时应尽量切成小立方块，切忌切成小薄片。50 克左右的小种薯可从顶芽密集处垂直切下，一切为二，每块所带芽眼相近。由于大块茎的芽眼呈螺旋状分布，因此也可以按螺旋状块茎切块。30 克以下的小种薯不用切块。

（五）催芽

催芽是马铃薯高产栽培种的一项重要措施，能保证种薯生理年龄达到壮龄，萌发的芽长度适当、强壮。播前催芽可以促进早熟，提高产量。催芽过程中可淘汰烂薯，减少播种后病株率或缺苗断垄情况，有利于全苗壮苗。催芽方法主要有变温处理、赤霉素处理、硫脲处理、二硫化碳处理、溴乙烷处理等。无论是自然通过休眠还是用以上方法打破休眠的种薯，达到生理壮龄时再播种才能取得理想的效果。

（六）播种密度

一般情况下，如在春季种植，种薯生产的播种密度应当为每亩 5 000 株以上；早熟品种的播种密度应当为每亩 4 000～5 000 株；晚熟品种的播种密度以每亩 3 000～3 500 株为宜。

（七）建立滴灌系统及铺设方式

1. 滴灌系统建立

根据土壤质地、地形、栽植规格、水源、电力等基本情况，确定合理的管道系统，再根据有效湿润区的面积和土层深度、滴头间距、毛管大小及最大铺设长度等建立灌溉系统。通常用薄壁滴灌带，滴头间距 20～30 厘米、流量 1.2～1.5 升/时，铺在两行马铃薯之间，放在土面上，首部可固定或移动。田间建一泵房，将首部安装在泵房里，灌溉以少量多次为原则，每次灌溉面积为 6～8 亩，时间为 2～3 小时。

2. 滴灌系统铺设方式

滴灌带沿南北方向铺设，滴灌带间距 85 厘米，管径 16 毫米，滴头间距 30 厘米，滴头流量 1.3～1.5 升/时。管道铺设同东北地区马铃薯膜下滴灌水肥一体化技术应用。

（八）水肥管理

1. 灌足底墒水

4 月中旬灌 1 次底墒水，沟灌水量为 50 米^3/亩。

2. 施基肥

起垄前施基肥，每亩施农家肥 2 000～3 000 千克，另施氮肥（以 N 计）21.5 千克、磷肥（以 P_2O_5 计）15.9 千克和钾肥（以

K_2O 计）5 千克。化学肥料可选用尿素 25 千克/亩、过磷酸钙 35 千克/亩、硫酸钾复合肥（10-10-5）100 千克/亩、硫酸锌 1 千克/亩、硫酸锰 1.5 千克/亩。

3. 滴灌追肥

西北地区水资源相对稀缺，滴灌应以节水灌溉、抑制蒸发、保持土壤湿度为核心，当土壤含水量达到设定的下限时开始灌水，采取少量多次的方式进行。

适合于滴灌水肥一体化技术的肥料应满足如下要求：肥料中养分浓度较高；在田间温度条件下完全或绝大部分溶于水；含杂质少，不会堵塞过滤器和滴头。常用的有尿素、磷酸一铵和磷酸二铵（结晶态）、白色粉状氯化钾、硫酸钾、硝酸钾、硝酸钙、硫酸镁等。颗粒状复合肥不宜用于管道施肥，需用水溶性粉装复合肥。鸡粪沤腐后的沼液通过过滤系统也可用于滴灌系统。

具体的滴灌追肥方法如下。

①苗期—开花期。灌水 3 次，每次滴灌水量为 9 米³/亩，中期滴灌施肥 1 次，肥料品种可选用尿素 5 千克/亩。

②开花—膨大期。灌水 6 次，每次滴灌水量为 11 米³/亩，中期滴灌施肥 1 次，肥料品种可选择尿素 5 千克/亩。收获前 20 天停止施用氮肥。

③膨大—采收期。灌水 3 次，每次滴灌水量为 12 米³/亩。收获前 5 天停止灌溉。

(九) 收获

当植株生长停止、茎叶大部分枯黄时，马铃薯块茎很容易与匍匐茎分离，周皮变硬，相对密度增加，干物质含量达最高，此时为食用块茎的最适收获期，种用块茎应提前 5~7 天收获，以减轻生长后期高温带来的不利影响，提高种性。收获前应选择晴天，先刈割茎叶和清除田间残留的枝叶，以免病菌传播。收获时，应避免损伤薯块，以及避免块茎在烈日下暴晒，以免引起芽眼老化和形成龙葵碱毒素，降低品质。

第五节　马铃薯地膜覆盖栽培技术

一、覆盖地膜的种类

（一）普通地膜

一种无色地膜，透光性好，覆盖后可使地温提高 2~4℃，适用于我国北方低温寒冷地区，也适用于南方早春作物栽培。主要有高压低密度聚乙烯地膜、低压高密度聚乙烯地膜和低密度聚乙烯地膜。常用厚度为 0.015~0.02 毫米、宽度为 45~180 厘米。

（二）有色地膜

在聚乙烯树脂中加入有色物质，可以制成具有不同颜色的地膜，如黑色地膜、绿色地膜和灰色地膜等。由于它们具有不同的光学特性，对太阳辐射光谱的透射、反射和吸收性能不同，因而对杂草、病虫害、地温变化、近地面光照及作物生长有不同的影响。有色地膜厚度一般为 0.010~0.030 毫米，其透光率仅为10%，可使膜下杂草无法进行光合作用而死亡。杂草多的地区可节省除草成本。黑色地膜本身增温快，但热量不易下传而抑制土壤增温，一般仅使土壤上层温度提高 2℃。

（三）特殊功能地膜

具有某种特定功能的地膜，如耐老化长寿地膜、除草地膜、黑白双面地膜、黑白相间地膜、可控性降解地膜等，用于马铃薯栽培的主要是除草地膜、黑白相间地膜。除草地膜灭草效果好，药效持续期长。黑白相间地膜具有调节根系温度的作用。黑色膜下地温低，透明膜下地温高，早春作物定植于透明膜下，提高成活率，后期根系伸至黑色膜下，可防高温障碍。

二、选种备种

生产中一般选用适合春季栽培、生育期为 55～65 天的早熟品种，此类品种熟期早、生长发育快、结薯早、上市早、收益高。播种前先精选，然后进行催芽处理，促进幼芽提早发育并减轻环腐病、晚疫病危害。每亩需种薯 150 千克左右，播前 25 天左右将种薯从贮藏处取出，选择薯形规整、符合品种特征、薯皮光滑色鲜、大小适中的薯块作种。大薯需切块，切块应大小均匀一致，以利出苗整齐健壮。

三、精细整地

地膜覆盖栽培应选地势平坦、缓坡在 5°～10°、土层深超过 50 厘米、土质疏松（最好是轻砂壤土）、保肥保水性强、排灌方便、肥力在中等以上的地块。重施基肥，结合整地每亩可施充分腐熟有机肥 1 500～2 000 千克、三元复合肥 40 千克、硫酸钾 10 千克。敲碎泥块，整平畦面，大多采用宽畦双行密植栽培，畦宽 80～100 厘米，沟宽 25～30 厘米，沟深 25 厘米左右。

地膜覆盖对整地要求较严格，深翻 20～25 厘米，在深浅一致的基础上细整细耙，使土壤达到"深、松、平、净"的要求，具体应做到平整无墒沟，土碎无坷垃，干净无石块、无杂物，墒情好，必要时可以先灌水增墒。施肥方法有两种：一种是在作畦前，把有机肥、化肥和农药均匀地撒于地表，再耙入土中；另一种是在作畦时，把有机肥和农药撒于播种沟内，化肥撒入施肥沟内，基肥撒施一半，一半开沟集中施，作畦时翻于土中。

覆盖地膜的方式有平畦覆盖、高畦覆盖、高垄覆盖和沟覆盖 4 类，生产中常采用高畦覆盖和高垄覆盖。

1. 高畦覆盖

整地后作畦，畦面底宽 80 厘米，上宽 70～75 厘米，畦高 10～15 厘米，两畦距离 40 厘米。一畦加一沟为一带，一带宽 1.2 米。具体操作时采用"五犁一耙子"作畦法，即第一犁从距地边 40 厘米处开第一沟，沟深 15 厘米左右，在距第一沟中心 40 厘米处开第二沟。先施肥的，把有机肥和杀虫剂撒进沟底，使沟深保持在 12 厘米左右。先播种后覆膜的，先把芽块播入沟中，株距 22～25 厘米。然后，在第一沟另一边的 35 厘米处开第三犁，在第二沟另一边同样开第四犁，并使这两犁向第一、第二沟封土。最后再在第一犁、第二犁之间，开一浅犁，深 6～7 厘米，为第五沟，专作施肥沟，把化肥足量施入沟内，形成畦坯。之后用耙子耙一遍，将第一、第二、第五沟整平，整好畦面，做好畦肩，使畦面平、细、净且中间稍高，呈平脊形。畦肩要平，高度一致，以便喷洒除草剂和盖膜。下一畦的第一沟距前一畦的第二沟中心 80 厘米，第二沟仍距第一沟 40 厘米。以此类推，就形成了一个个 1.2 米宽的覆膜畦。覆膜畦实行双行播种，薯苗长出后即成为大行距为 80 厘米、小行距为 40 厘米的大小垄形式。

2. 高垄覆盖

在整地施肥后，按底宽 60～70 厘米、高 10～15 厘米起垄，每垄覆盖一幅地膜。高垄覆膜增温效果一般比平畦高 1～2℃。高垄上播种 1 行种薯。

四、覆膜

地膜厚度一般为 0.03 毫米，幅宽应根据马铃薯垄的宽度确定，如 70 厘米宽的垄，需用幅宽 80 厘米的地膜覆盖。生产中常采用幅宽 80～90 厘米的地膜。高畦覆盖栽培可选用有色地膜，双行垄的用幅宽 90～100 厘米，中间的种植带用幅宽 30～35 厘米的透明膜。可播两行，斜对角播种，播种时应打线对直，覆盖时对准地膜种植行。高垄覆盖可选用幅宽 90~100 厘米的透明膜。严格按地膜覆盖要求，精细整地，畦面无坷垃，地膜严密扣紧，压好膜边，防止风吹，以保障地膜升温保墒的效果。

畦床做好后立即喷洒除草剂，马铃薯常用除草剂有乙草胺、氟乐灵、异丙甲草胺、氟草醚等。

覆膜时膜要拉紧，贴紧地面，畦头和畦边的薄膜要埋入土里 10 厘米左右，压严，用脚踩实。盖膜要掌握"严、紧、平、宽"的要领，即边盖膜边压严，膜要盖紧，膜面要拉平，见光面要宽。为防止薄膜被风揭起，可在畦面上每隔 1.5~2 米压一小堆土。

五、提早催芽播种

地膜覆盖栽培可采用催大芽提早播种方法。在 1 月底至 2 月初进行种薯切块催芽，即播前 15~20 天将块茎切成带 1~2 个芽眼、重 25 克左右的薯块，在温暖处晾 1~2 天。然后，按 1∶1 的比例与湿润细沙混合均匀，并将其按宽 100 厘米、厚 25~30 厘米摊开，上面及四周覆盖湿润细沙 6~7 厘米厚。也可将湿润的沙摊成宽 10 厘米、厚 6 厘米、长度不限的催芽床，上面摊放一层马铃薯切块，厚 5 厘米左右，然后盖一层沙，依次一层切块一层沙，可摊放 3~4 层，最后在上面及四周覆盖湿润细沙 6~7 厘米厚。温度保持 15~18℃，最低不低于 12℃，最高不超过 20℃，严防温度过高引起切块腐烂。待芽长至 3 厘米左右时，即可将切块扒出播种，生产中一般在平均气温稳定在 5℃以上、10 厘米地温稳定于 10℃以上时播种。

地膜覆盖栽培在 2 月底播种，选择晴朗天气，以在 9∶00—16∶00 播种为宜。播种深度一般为 10 厘米。采取宽垄双行密植，一般以垄宽 60~80 厘米、垄高 20~25 厘米、垄距 15~20 厘米为宜。

1. 先播种后盖膜

顺序是先开沟，施入种肥并与土混合，然后播种，每垄双行，一垄宽 100 厘米。按计划株距摆薯块，摆在沟底向垄背处，然后用沟边的土覆盖成宽垄，用耙镇压后再耧平，播种结束后覆盖地膜。这种方法可以掌握播种深度，达到深浅一致。由于播种深度适宜，有利于结薯，后期可以不进行培土。

2. 先铺膜后播种

顺序是先起垄，铺膜后经几天的日光照射，垄内温度升高后再播种。播种时用移植铲或打孔器按株距打孔破膜播种，孔不要太大，深 8 厘米左右，深浅力求一致。芽块或小整薯播下后，用湿土盖严，封好膜孔。这种方法由于铺膜后地温上升快出苗也较快，如遇天旱，还可坐水播种。缺点是一般播种较浅，不易达到播种的标准深度，人工开穴的深浅不一致，出苗不整齐。

地膜覆盖栽培，一般播后 25 天出苗，要及时破膜放苗。出苗后及时查苗补苗，剔除病、烂薯块，用提前准备的大芽薯块补栽，保证苗全苗齐。

六、田间管理

地膜覆盖种植以保温、增温为目的。由于地膜覆盖，土壤蒸发量极少，只要播种时土壤墒情好，出苗期一般不需浇水和施肥。出苗后，及时破膜。放苗时用土将苗基部的破膜封严，以免幼苗接触地膜烧伤或烫死。当幼苗拱土时，及时用小铲或利器对准幼苗将膜割一个"T"形口，把苗引出膜外后，用湿土封住膜孔。出苗率达 70% 时，及时查苗补种。晴天膜下温度很高，出苗后如不及时放苗，膜内的幼苗会被高温烫伤，叶片腐烂。先覆膜后播种的，播种时封的土易形成硬盖，如不破开土壳，苗不易顶出，因此也需要破土引苗。但引苗时破口要小，周围用土封好，以保证膜内温度、湿度。喷施除草剂的地块，更应及时破膜，使幼苗进入正常生长。如遇寒流，可在寒流过后进行破膜放苗。在生长过程中，要经常检查覆膜，如果覆膜被风揭开或被磨出裂口，要及时用土压住。

田间管理的重点是壮棵，注意加大肥水管理，以水促肥，对基肥施用不足的地块，可酌情补施速效肥料。土壤不旱不浇，注意耕松沟底土壤，结合中耕浅培土。结薯期管理重点是防止茎叶早衰，延长茎叶的功能期，促进块茎形成与膨大。要使垄内土壤始终保持湿润状态，确保水分供应，浇水避免大水漫灌，灌水量不宜超过垄高的一半，不可漫垄或田间积水过多，遇大雨应及时排水。收获前 5～10 天停止浇水，促使薯皮木栓化，以利收获。对因雨水或浇水冲刷造成的垄土塌陷处，要及时培土，防止产生青皮块茎。对茎叶早衰田块，可进行根外追肥，同时注意防治病虫害。结薯期若有小薯露出土面或裂缝较大，要及时掀起地膜培土，然后重新盖严地膜，以免薯块见光发绿。

马铃薯地膜覆盖栽培，由于地膜的韧性，马铃薯幼芽不能自行穿破地膜，需进行人工放苗。晴天中午地膜下温度高，放苗不及时，极易造成马铃薯幼芽热害，严重者直接烫伤腐烂，因此不适合规模化种植的需要。马铃薯膜上覆土技术可让幼苗自行穿破地膜出苗，即马铃薯出苗前，在地膜上覆盖适当厚度的土。研究结果表明，在马铃薯顶芽距离地表 2 厘米时，于地膜上覆土 2～4 厘米厚，可以有效提高马铃薯出苗率，而且出苗整齐，块茎青头率低，商品薯率高，产量高。

七、适时收获，提早上市

根据生育期及市场行情，一般在 5 月底至 6 月初收获，宜在 10：00 以前和 15：00 以后收获。收获时尽量不伤薯皮，以便贮存和运输。收获后及时清理残留的地膜，保护土壤环境。随刨收随运输，严防块茎在田间阳光下暴晒。运输不完时，将块茎在田间堆积成较大的堆，用薯秧盖严，严防暴晒，以免块茎变绿。

第六节　马铃薯早春拱棚栽培技术

早春利用拱棚栽培马铃薯，使收获期提早至 4 月底至 5 月初，较露地栽培收获期可提早 30 天左右。

一、建棚与扣棚

（一）建棚

生产中常用的拱棚有小拱棚、中拱棚、大拱棚 3 种。可以单独使用，也可以在大拱棚内套中拱棚、中拱棚内套小拱棚、小拱棚内覆地膜，进行多重覆盖。

1. 小拱棚

一般采用 5~8 厘米宽的毛竹片或小竹竿做骨架，每 1~1.5 米间距插 1 根，拱架高度 50 厘米左右，一般 1 个拱棚覆盖 2 行或 4 行马铃薯。为提高拱棚牢固程度，可在棚的顶点用塑料绳固定串在一起，并在畦两头打小木桩固定。播种后及时搭建小拱棚并覆棚膜，用土将棚膜四边压紧，尽量做到棚面平整。通常 4 垄马铃薯为一棚，拱杆长 2.5~3 米，2 根竹竿搭梢对接，做成高 90 厘米、宽 3~3.2 米的拱棚。选用幅宽为 2 米、6 米、8 米的农膜，分别覆盖种植 2 垄、6 垄、8 垄马铃薯的拱棚，设置 1 行立柱或不设立柱，用 0.08 毫米厚的薄膜覆盖。

2. 中拱棚

以 6~8 垄马铃薯为一棚，棚宽 1.2~1.6 米，棚高 3~6 米，棚长 50~80 米，棚体多为竹木结构，棚中间设 1~3 行立柱，用 0.08~0.12 毫米厚的薄膜覆盖。拱杆长 3.5~6 米，直径 2 厘米。

3. 大拱棚

标准钢管大棚、竹木结构大棚或简易大棚均可。生产中大多选用 GP-825 或 GP-622 型单栋塑料钢管大棚，以 10 垄马铃薯为一棚，棚宽 8 米，设 4 行直径 6 厘米的立柱，用直径 4 厘米、长 5 米的竹竿做顺杆，将各行立柱连接起来，用直径 3 厘米、长 5 米的竹竿对接成拱杆，各种接头用 14 号铁丝扎牢，用厚 0.1~0.12 毫米的薄膜覆盖。大棚需要在播种前 20 天搭建完成，以南北走向为好，棚与棚保持 1 米以上的间距。

(二) 扣棚

播种后应及时扣棚，用土将农膜四边压紧，尽量做到棚面平整。棚两边每隔 1.5 米打一小木桩，用 14 号铁丝或塑料压膜线拴住两边小木桩并绷紧，以达到防风固棚的目的。拱棚栽培最好采用南北走向，这是因为南北向受光好，棚内温度均匀；春季北风、西北风、东南风多，南北向棚体受压力小。

二、整地

拱棚种植马铃薯的地块要平坦、肥沃、旱能浇、涝能排、土壤耕作层深厚疏松，以砂质土最佳。前茬以大白菜、萝卜、甘蓝、大葱、黄瓜、菜豆、棉花、大豆、玉米等作物较好。避免连作或与其他茄科作物如番茄、辣椒、茄子等连作。播种前 15~20 天深翻，一般耕深不能浅于 23 厘米。整地要深浅一致。结合整地施足基肥，严禁施用未经充分腐熟的有机肥，以免有机肥在棚内发酵产生有毒有害气体，对马铃薯造成危害。采用深沟高畦栽培，一般6米宽大棚可作3畦，8米宽大棚可作4畦，畦沟宽25~30厘米、深30厘米。

三、种薯准备及处理

（一）精选种薯

选择适宜当地种植的早熟马铃薯品种，播种前精选种薯并进行催芽处理，以利幼芽提早发育，减轻环腐病、晚疫病等危害。每亩备种薯150~200千克，选晴暖的中午晾晒1~2天，并剔除病薯、烂薯和畸形薯。北方一季作区繁育的种薯由于收获早，已通过休眠期，种薯可在10~15℃条件下存放。中原二季作区秋繁种薯，从收获到播种时间短，正常放置很难通过休眠期，应把种薯放在20~25℃条件下10~15天进行预醒，待幼芽萌动时预醒结束，也可在切块后用赤霉素溶液喷洒或浸种。切块可以稍大一些，50克左右的小种薯纵切成2等份，100克左右的种薯纵切成4等份，大薯按螺旋状向顶斜切，最后把芽眼集中的顶部切成3~4块，发挥顶端优势。切块时，若切刀被病薯污染，需用75%乙醇消毒。

（二）种薯催芽

采用催大芽提早播种，在12月底至翌年1月初进行切块催芽。催芽可在冬暖大棚、土温室、加温阳畦或较温暖的室内进行，在避光条件下把切块分级催芽。芽床适宜温度15~20℃，低于10℃易烂种，高于25℃出芽虽快但芽徒长、细弱。苗床土最好用高锰酸钾溶液消毒杀菌，床土湿度以手握成团、落地散碎为宜。块茎切块后，按1∶1的比例与湿润的细沙或土混合掺均匀，然后摊开，宽100厘米，厚25~30厘米，上面及四周覆盖湿润的细沙厚6~7厘米。另一种方法是将湿润的沙摊开，使之呈宽100

厘米、厚6厘米，然后摊放一层马铃薯切块，盖一层沙，依次一层切块一层沙，可摊放3~4层，然后上面及四周覆盖湿润的细沙厚6~7厘米。温度保持15~18℃，不低于12℃，不超过20℃，待芽长至3厘米左右时，将切块扒出即可播种。如播种面积大，切块催芽量多，可将切块装入篓内叠放2~3层，催芽前3天温度保持5~6℃，使伤口愈合，然后将温度升至15~18℃，篓的四周及上面用湿润的麻袋或草苫盖严，待芽长出后即可播种。

（三）培育壮芽

当薯块芽长至1.5~2厘米时，将其取出移至温度为10~15℃、有散射光的室内或冬大棚内摊晾炼芽，直到幼芽变绿，一般需3~5天。二季作区秋季繁殖的种薯进行早熟拱棚栽培时，需采用赤霉素浸种催芽，切块用0.3~0.5毫克/升赤霉素溶液浸种30分钟，整薯用5毫克/升赤霉素溶液浸种5分钟。

四、合理密植

春季拱棚马铃薯，可采用双行高垄种植，垄距80厘米，每垄2行，株距20~25厘米。为便于管理，棚与棚之间留出40~50厘米的走道。

五、适时播种

当气温稳定在3℃以上、10厘米地温稳定在0℃以上时即可播种，一般在11月下旬至翌年2月中旬。选择无大风、无寒流的晴天9:00—12:00播种，开1个宽沟或2个小沟，用桶溜水后播种，2行间距15~20厘米，播后盖土起垄，垄顶至薯块土层厚15~18厘米，用钉耙整平。下种时隔穴施肥，一般每亩用硫酸钾复合肥70~100千克、尿素10千克，有条件的可增施硼肥0.5千克、锌肥1千克。播后，每亩用乙草胺60~80毫升，兑水750升均匀喷洒垄面，然后用宽 90 厘米的地膜覆盖。为防止匍匐茎过长致使结薯晚，可在出苗后及时撤除地膜，然后扣棚膜，一般以 5 垄为一小棚，2 个小拱棚上再搭 1 个大拱棚。小拱棚选用 4 米宽、0.01 毫米厚的农膜覆盖。棚内生长期间不宜覆土，可采用一次起垄覆土方式。

六、田间管理

（一）破膜放苗

定植后 10~15 天薯苗破土顶膜时人工破膜，破膜后用土盖严周围，确保膜下土壤温度，确保苗全苗壮。

（二）及时通风

马铃薯光合作用必须有充足的二氧化碳，拱棚马铃薯出苗后不通风，二氧化碳供应不足，影响光合作用，植株生长不良，叶片发黄，因此需要及时通风。幼苗时期，由棚的侧面通风，防止冷风直接吹到幼苗，以减少通风口对植株的伤害。拱棚马铃薯栽培还有顺风和逆风两种通风方式，前期气温低，一般顺风通风，即在上风头封闭，下风头开通风口；后期温度回升，一般采用双向通风，即上风头和下风头均通风，使空气能够对流，利于降低棚温。另外，还要轮换通风，锻炼植株逐渐适应外部环境的能力，以便气温高时将膜全部揭掉。

（三）温度和光照调节

生长期要严密监视温度变化，及时通风换气。生育前期可在中午开小口通风排除有害气体。3 月下旬当气温达到 20℃时，每天 9:00 即开始打开棚的两端通风，或在棚中端揭开风口，棚温控制在白天 22~28℃、夜间 12~14℃，15:00 左右关闭通风口。进入 4 月可视气温情况由半揭棚膜到全揭棚膜，由白天揭晚上盖到撤棚。到终霜期视天气状况及时撤棚，此时平均气温已达

17℃，最高温度25℃，是马铃薯生长的最佳时期。撤棚前最好浇一次透水，等升温后撤棚。影响棚内光照的主要因素是棚膜上水滴对光的反射和吸收，水滴多影响光的投射，因此生育期间可经常用竹竿振荡棚膜，使膜上水滴落地，以增加膜的透光性。生产中最好选用无滴膜，生育期间要经常用软布擦棚面上的灰尘，以保证充分采光。

（四）防止低温冷害

拱棚马铃薯播种期比露地早30天左右，早春气温变化大，应随时注意天气变化，气温在2~5℃，马铃薯不会受冻害，但降到1℃，则受冻害，应及时采取防冻措施。浇水可降低低温冷害影响，对短期的-3~2℃低温防冻效果较好，或夜晚棚外加盖草苫等覆盖物进行保温。马铃薯受冻害后应及时浇水并控制棚温过高，棚温上升至15℃时及时通风，不宜超过25℃。冻害严重的及时喷施赤霉素溶液可恢复生长。

（五）肥水管理

拱棚内不方便追肥，应在播前一次施足基肥。撤棚后喷1~2次0.2%磷酸二氢钾溶液。由于拱棚升温快，土壤水分蒸发量大，一般要求足墒播种。出苗前不浇水，如干旱需要浇水时要避免大水漫垄。出苗后及时浇水助长，以后根据土壤墒情适时浇水，保持土壤见湿见干，田间不能出现干旱现象。生育后期不能过于干旱，否则浇水后易形成裂薯。苗高15~20厘米时开始喷施叶面肥，整个生长期内喷3次叶面肥，一般在浇水前2天喷施。浇水应在晴天中午进行，尽量避开雨天，防止棚内湿度过大而导致晚疫病发生。

（六）中耕培土

棚拱棚栽马铃薯一般无需中耕除草和培土，因播种过浅或覆土太薄出现薯块裸露或土壤有较大裂缝时应及时培土，防止发生青皮薯。

（七）适时收获，提早上市

一般出苗后 80 天左右进入收获期，收获前 5~7 天停止浇水，以便提高马铃薯表皮的光洁度。收获时大小薯分开放，操作时注意防止脱皮、碰伤和机械创伤，以保证产品质量。

第七节　马铃薯稻田覆草免耕栽培技术

马铃薯稻田覆草免耕栽培技术，简称马铃薯免耕栽培技术，是根据马铃薯在温湿度适宜条件下，只要将植株基部遮光就能结薯的原理，在晚稻等前作收获后，未经翻耕犁耙，直接开沟成畦，将种薯摆放在畦面上，用稻草等全程覆盖，适当施肥与管理，收获时将稻草扒开即可采收。其技术要点如下。

一、选地整地

选择土壤肥力中等以上、排灌方便的砂壤土，晚稻收获前不浇水，收割时留茬不宜过高，以齐泥留桩为宜。播前分垄开沟，沟宽 30 厘米、深 15 厘米，挖好排灌沟。挖排灌沟时，部分沟土用于填平垄面低洼处，将厢面整成龟背形，以利淋水和防渍。其余的沟土在施肥播种后用来覆盖种薯和肥料，或在覆盖稻草后均匀地撒于厢面。采用宽厢种植的厢宽 130~150 厘米，每厢播种4~5 行，宽窄行种植，中间为宽行，大行距 30~35 厘米；两边为窄行，小行距 20~25 厘米，株距均为 20~25 厘米，厢边各留20 厘米。按"品"字形摆种薯，每亩种植 6 000~7 000 株。窄厢种植的厢宽 70 厘米，每厢播种 2 行，行距 30 厘米，株距 20~25 厘米，厢边各留 20 厘米，按"品"字形摆放种薯，每亩种植5 000~6 500 株。

二、品种选择及种薯处理

品种选择要根据当地气候条件和市场需求，应选择生育期适中，适销对路的高产、优质、抗病、休眠期已过的优质脱毒种薯。在播前 15~20 天，按每亩 150~200 千克备足种薯，种薯用 0.3%~0.5%甲醛溶液浸泡 20~30 分钟，取出用塑料袋或密闭容器密封 6 小时，或用 0.5%硫酸铜溶液浸泡 2 小时，然后催芽，芽长至 0.5~1 厘米时在散射光下炼芽，待芽变成紫色后即可播种。

三、适时播种

马铃薯覆草免耕栽培主要适于秋播或冬播，因此有霜冻的地方要通过调整播种期避开霜冻危害。一般秋播于 9 月中下旬进行，冬播于 12 月中下旬进行。播种时将种薯直接摆放在畦面上，芽眼向下或向上，切口朝下与土壤接触，可稍微用力向下压一下，也可盖一些细土。播后每亩用灰肥拌腐熟猪粪 1 500 千克盖种，再在畦面上撒些复合肥，然后覆盖厚 8~10 厘米稻草。稻草与畦面垂直，按草尖对草尖的方式均匀覆盖整个畦面，随手放下即可，不压紧、不提松、不留空隙，要盖到畦边两侧，每亩需 1 300 立方米左右的稻草。稻草覆盖后进行清沟，用从沟中清理出的泥土在稻草上压若干个小土堆，有保护覆盖物和防止种薯外露的作用，但压泥不能过多。播后若遇干旱，需用水浇淋稻草保湿；如遇大风要用树枝压住稻草，防止其被风吹走。稻草不足时可用甘蔗叶、玉米秆、木薯皮等覆盖或加盖黑色地膜。

冬种春收的马铃薯采用"稻草包芯+菇渣（土杂肥）+培土"栽培技术，可创造通透性良好的土壤环境，有利块茎和根系生长，促进多结薯、结大薯，提高产量和商品性。

四、田间管理

出苗后适时破膜放苗，防止膜内温度过高而引起烧苗。破口不宜过大，放苗后立即用湿泥封严破口，防止冷空气进入，降低膜内温度，或遇大风引起掀膜。及时清理排灌沟，将清出来的沟土压在稻草上。如果稻草交错缠绕而出现卡苗，应进行人工引苗。

利用稻草覆盖种植马铃薯生长前期必须保证充足的水分，整个生长期土壤相对含水量应保持在 60%~80%。以湿润灌溉为主，一般出苗前不宜灌溉，块茎形成期及时适量浇水，应小水顺畦沟灌，使之慢慢渗入畦内。不能用大水浸灌，注意及时排水，避免水沤种薯。在多雨季或低洼处，应注意防涝，严防积水，收获前 7~10 天停止灌水。生长前期可施 1~2 次肥，生长中后期脱肥的可每亩用磷酸二氢钾 150 克或尿素 250 克兑清水 50 升叶面喷洒，连喷 2~3 次。在施足基肥的情况下，自展叶起每 10 天用 0.1%硫酸锰+0.3%磷酸二氢钾+三十烷醇 100 倍液混合肥液叶面喷施 1 次，连喷 3~5 次，能显著提高产量。

覆草栽培，因根系入土浅，薯块也长在地表，无附着力，极易发生倒伏，中后期要注意严格控制氮肥的施用量，防止地上部生长过旺。也可在马铃薯进入盛薯期时每亩用 15%多效唑可湿性粉剂 50 克兑水 60~70 升叶面喷施，以控上促下，促进块茎膨大。如果有花蕾要及时掐去。

在生长期间出现霜冻，可采用以下措施预防：在霜冻到来前的 1~2 天，放水进沟，保持土壤湿润；用草木灰撒施叶面或用稻草、草帘、席子、麻袋、塑料布等遮盖物覆盖；用秸秆、谷壳、树叶、杂草等做燃料，在上风头堆火烟熏，每亩设烟堆 3~5 个，慢慢熏烧，使地面上笼罩一层烟雾。施用抗冻剂或复合生物菌肥，可起到一定的预防作用。霜冻发生后的早上，在太阳出来前及时淋水或人工去除叶面上的冰块，减轻霜冻危害。

一般在 5 月，当马铃薯叶呈黄色、匍匐茎与块茎容易脱落、块茎表皮韧性大、皮层厚、色泽正常时即可采收。稻草覆盖栽培，70%的薯块生长在地面上，收获时，掀开稻草捡薯即可，入土的块茎可用木棍或竹签挖出来。可先收大薯，把小薯留下用稻草盖起来，让其继续生长，长大后再收获。收获后稍微晾晒即可装筐运走，避免雨淋和日光暴晒，以免块茎腐烂和变绿，确保产品质量。

第八节　马铃薯耕种收机械化生产技术

随着马铃薯产业化结构调整，我国各地种植面积逐年扩大，有利于实现机械化生产。马铃薯机械化栽培，能够降低劳动强度和降低成本，提高单产水平和经济效益，是今后马铃薯种植的发展方向和实现产业化的必由之路。

一、农机及种植模式

我国马铃薯种植区域多为山地，制约了机械化发展，目前尚处于起步阶段。春播马铃薯在前作收获后于播前先深耕，再浅耕，也可二者同步进行，将大田整细耙平。在北方，春季播种的土壤墒情大多是靠上一年秋耕前后储蓄的水分或冬季积雪融化维持的，因此秋季整地要一次完成，翌年春季只需要开沟播种。马铃薯机械化播种是一项集开沟、施肥、作畦、播种、施除草剂、覆膜等作业于一体的综合方式，需要高效的机具，耕后地表平整，地头整齐，中间最好不停车或倒车，避免重播、漏播。目前，我国开发的马铃薯播种机主要有 2CM-1/2 大垄双行种植机、2BCMX-2 型播种机和 2CMF 系列种植机等。

2CMF-2B 型马铃薯种植机用 18 千瓦以上的拖拉机牵引，后悬挂配套的宽、窄双行种植机，主要由机架、播种施肥装置、开沟器、驱动地轮、起垄犁等部件组成，行距、株距可调。播种作业时，先由种植机的开沟犁开出沟施肥，再由地轮驱动链条碗式播种机将种薯从种箱中定量播到沟里，最后由起垄犁培土起垄，完成播种作业。

甘肃省陇南民乐种业公司与陇南市种子管理总站近年联合研制并获专利的新型马铃薯播种机，非常适合西北山地使用。

马铃薯机械化栽培逐步形成了以机械化整地、机械化种植与田间管理、机械化收获技术为核心，以中小型拖拉机和配套种植收获机械为主体的马铃薯机械化种植收获模式，主要有平畦栽培模式和垄作栽培模式。操作步骤：撒施农家肥→机械翻耕→机械作畦（起垄）→施肥播种→中耕培土→田间管理→机械化收获→贮藏。

二、优良品种选择及种薯处理

选择块茎大、口感好、抗病强、产量高的优良品种，挑出龟裂、不规则、畸形、烂病、芽眼突出、皮色暗淡、薯皮老化粗糙的种薯。播前7~10天，将种薯置于向阳背风处晒种。通常在发生晚霜前的30天开始播种，即日平均气温超过5℃或10厘米地温达7℃时为适宜播期，使出苗期避过晚霜危害。播前进行选薯、切薯块、薯种消毒、催芽。

三、整地施肥

选择地势平坦、地块面积大、便于机械化作业及前茬作物为小麦、油菜等禾谷类作物的地块。马铃薯是高产喜肥作物，对肥料反应非常敏感，整个生育期需钾肥最多，氮肥次之，磷肥最少。生产中应以腐熟有机肥和草木灰等基肥为主，一般每亩施腐熟有机肥5 000千克、尿素50千克、硫酸钾20千克。采用平畦栽培模式时，选择没有经过耕翻的地块；采用垄作栽培模式时，要结合施有机肥机械耕翻一次，耕深为20厘米。

四、播种

北方地区通常在晚霜前约30天开始播种，即日平均气温达5℃或10厘米地温达7℃时为适宜播期，一般在4月中下旬至5月初开始播种。采用垄作栽培模式时，垄播机覆土，圆盘开沟器开沟深度要调整正确，确保垄形高而丰满，播种深度为10~12厘米，种薯在垄的两侧，行距60厘米，通过更换中间传动链轮调整株距，一般为15~20厘米。可选用北京产2MDB-A型马铃薯垄播播种机。平畦栽培模式的播种深度为13~15厘米，通过调整开沟犁、覆土犁在支架上的前后位置来调整株行距，株行距一般为25厘米×50厘米，选用内蒙古产2MBS-1型犁用平播播种机。

（一）土壤湿度

播种作业时土壤相对含水量应为65%~70%。土壤过湿易出现在机具上粘土、压实土壤、种薯腐烂等问题，土壤过干不利于种薯出苗、生长。

（二）机具调试

播种前要按照当地的农艺要求，对播种机的播种株距、行距、排肥量进行反复调试，以达到适应垄距、定量施肥和播种的目的。

（三）起垄

垄形要高而丰满，两边覆土要均匀整齐。土壤要细碎疏松，有利于根茎延伸，提高地温。以垄下宽70厘米、垄上宽50厘米、垄高10厘米为宜。要求土壤含水量在18%~20%。

（四）播种

播行要直，下种均匀，深度一致，播种深度应以 9～12 厘米为宜。马铃薯种植时必须单块或单薯点种，在种植过程中应避免漏播或重播。种薯在垄上侧偏移 3 厘米左右，重播率小于 5%，漏播率小于 3%，株距误差 3 厘米左右。

（五）施肥

在播种的同时将化肥分层深施于种薯下方 6～8 厘米处，让根系长在肥料带上，充分发挥肥效。

（六）平稳行驶

马铃薯种植机一次完成的工序较多，为保证作业质量，机具行走要慢一点，开 1 挡慢行，严禁地轮倒转，地头转弯时必须将机器升起，严禁石块、金属、工具等异物进入种箱和肥箱。随时观察起垄、输种、输肥及机具运行状况是否正常，发现问题及时排除。

（七）故障排除

马铃薯种植机常见的故障主要有以下几种：一是链条跳齿，应调整两链轮在一条直线上，并清除异物；二是地轮空转不驱动，应适量加重，调整深松犁深度；三是薯种漏播断条，应控制薯种直径，提升链条不能过松；四是种碗摩擦壳体，应调整两脚的调节丝杆使皮带位于中心位置；五是起垄过宽，应调整覆土犁铲的间距和角度。

五、田间管理

发现缺苗要及时从临穴里掰出多余的苗进行扦插补苗。扦插最好在傍晚或阴天进行，然后浇水。

苗齐后及时中耕除草和培土，促进根系发育，同时便于机械收获。当植株长到 20 厘米高时进行第一次中耕培土，同时每亩追施碳酸氢铵 30 千克。现蕾时视情况进行第二次中耕培土，垄高保持在 22 厘米左右，现蕾开花期叶面喷施 0.3% 磷酸二氢钾溶液。

块茎膨大期需水量较大，若干旱应及时浇水。注意及时防治马铃薯晚疫病、黑胫病、环腐病和早疫病等病害，一旦发生要及时拔出病株深埋并及时喷药，减少病害的蔓延。

六、适时收获

当植株大部分茎叶干枯、块茎停止膨大且易与植株脱离、土壤含水量在 20% 左右时进行田间收获作业，可选用 4UM-550D 型马铃薯挖掘收获机。挖掘前 7 天割秧，尽可能实现秸秆还田，培肥地力。留茬 5~10 厘米，块茎在土中后熟，使表皮木栓化，收获时不易破皮。为加快收获进度，提高工作效率，一般要求集中连片地块统一收获作业。挖 1 行，相隔 1 行捡拾 1 行，避免出现漏挖、重挖现象，挖掘深度在 20 厘米以上。采用机械采收，一般收获薯率≥98%、埋薯率≤2%、损失率≤1.5%。

第八章 马铃薯病虫草害防治技术

第一节 马铃薯病害防治技术

一、晚疫病

马铃薯晚疫病主要为害马铃薯，该病是马铃薯的一种普遍性病害，在我国中部、北部大部分地区都有发生，发生严重年份，可使生产遭受 20%～40% 的损失。

（一）症状

马铃薯的叶、茎、块茎均能受害。叶片发病，先由叶尖或叶缘开始，病斑呈水浸状小斑点。气候潮湿时，病斑迅速扩大，腐烂发黑，没有明显的边缘界线。在雨后或有露水的早晨，叶背病斑边缘生成一圈白霉，严重时，植株叶片萎垂、发黑，全株枯死。气候干燥时病斑蔓延很慢，干枯变褐，亦不产生白霉。茎部受害，初呈稍凹陷的条斑，气候潮湿时，表面也产生白霉。块茎发病，初呈褐色或带紫色的病斑，稍凹陷，在皮下呈褐色，逐渐向周围和内部发展。土壤干燥时，病部发硬成干腐。土壤潮湿时，也可长出白霉，当有杂菌侵入后，则常呈软腐。在块茎贮藏期间也会发生和发展。

（二）防治措施

晚疫病是一种破坏性很强的病害，一旦发生并开始蔓延，就很难控制，因此马铃薯晚疫病的防治要遵循以"防"为主的原则。

选用抗病品种。种植抗病品种是最好的防病办法。

精选种薯，淘汰病薯。在种薯收获、贮藏、切块、催芽等每个环节，都要精选薯块，淘汰病薯，以切断病源。

加厚培土层。田间晚疫病病菌孢子侵入块茎，主要是通过雨水或灌水把植株上落下的病菌孢子随水带到块茎上造成的。在种植不抗晚疫病的品种时，尤其是块茎不抗病的，要注意加厚培土，使病菌不易进入土壤深处，以降低块茎发病率。

割秧防病。如果地上部植株感染晚疫病，在收获前收割病秧并清理出地块，地块暴晒2天后选择晴天收获，防止薯块与病菌接触。作为留种的地块更应及早割秧，尽量防止病菌孢子侵入块茎，以免后患。

药剂防治。马铃薯晚疫病只能预防，不能治疗，因此在晚疫病多发季节定期喷药保护能取得显著的防病效果。发现中心病株应及时清除，发病初期喷洒58%甲霜·锰锌可湿性粉剂600~800倍液，或64%噁霜·锰锌可湿性粉剂500倍液，或72.2%霜霉威水剂800倍液，或3%多抗霉素可湿性粉剂300倍液，每10天左右喷1次，连喷2~3次，交替使用药剂，即可控制病害发展。马铃薯在生长期初期，要及时喷洒防晚疫病的保护性药剂，主要保护性药剂有：77%硫酸铜钙可湿性粉剂，每亩每次用药量为80~100克；或用等量式波尔多液喷施防治，即500克硫酸铜、500克生石灰、50升水配成波尔多液；或喷施50%克菌丹可湿性粉剂，每亩每次用药量为80~100克，在发病时喷施也可收到较好效果。应当特别注意的是，因为晚疫病的孢子囊产生于马铃薯叶背，因此若晚疫病已有发生，喷施药剂时，在喷叶面的同时对叶背及地面也要进行药剂喷施，这样才能达到全面防治和控制大面积流行的效果。

二、早疫病

早疫病也是真菌病害，在各栽培地区均有发生，北京、河北、山西等地海拔较高的地区发生严重。

(一) 症状

马铃薯早疫病可为害叶片、茎、薯块。茎、叶发病，产生近圆形或不规则形褐色病斑，上有黑色同心轮纹，病斑外缘有黄色晕圈，病斑正面产生黑色霉。薯块发病，形成圆形或不规则形暗褐色病斑，病斑下组织干腐变褐色。

(二) 防治措施

选用早熟抗病品种，适时提早收获。

实行轮作倒茬，选择土壤肥沃的高燥田块种植，增施有机肥，提高寄主抗病力。及时清理田块，将马铃薯残枝败叶清出地外掩埋，以减少侵染菌源，延缓发病时间。

药剂防治。发病初期或发病前喷施 70% 甲基硫菌灵可湿性粉剂 1 000 倍液，或 50% 多菌灵可湿性粉剂 500 倍液，或 70% 代森锰锌可湿性粉剂 500 倍液，或 64% 噁霜·锰锌可湿性粉剂 500 倍液，隔 7~10 天喷 1 次，连续防治 2~3 次。

三、环腐病

环腐病在全国各地均有发现，北方比较普遍，发病严重的地块可减产 30%~60%。收获后贮藏期间如有病薯存在，常造成块茎大量腐烂，甚至烂窖。

(一) 症状

环腐病是细菌性维管束病害，田间发病早而重的可引起死苗，一般的只是生长迟缓，植株明显矮缩、瘦弱，分枝少，叶片变小，皱缩不展。发病晚而轻的顶部叶片变小，后期才表现 1~2

根枝条或整株萎蔫。一般在开花期前后开始表现症状，叶片褪色，叶脉间变黄，出现褐色的病斑，叶缘向上卷曲，自下而上叶片凋萎，但不脱落，最后全株枯死。

薯块外部无明显症状，只是皮色变暗，芽眼发黑枯死，也有的表面龟裂，切开后可见到环状排列的维管束呈乳白色或黄褐色，用手挤压，流出乳黄色细菌黏液。重病薯块病部变黑褐色，生环状空洞，用手挤压，薯皮与薯心易分离。

（二）防治措施

选用抗病品种。

实行轮作，发现病株要及时消除，并注意防治地下害虫。

建立种薯田。利用脱毒苗生产无病种薯和小型种薯。实行整薯播种，尽量不用切块播种。

播种前淘汰病薯。出窖、催芽、切块过程中发现病薯及时清除。切块的切刀用乙醇或火焰消毒，杜绝种薯带病是最有效的防治方法。

严禁从病区调种，防止病害扩大蔓延。

药剂防治。田间发生病害可喷洒春雷霉素可湿性粉剂 500 倍液，或 77% 氢氧化铜可湿性微粒粉剂 500 倍液，或 25% 络氨铜水剂 300 倍液。

四、疮痂病

马铃薯疮痂病只侵害块茎。

（一）症状

薯块上初呈褐色圆形或不规则形小点，表面粗糙，扩大后呈疮痂状硬斑。病斑只限于块茎皮部，不深入薯内。疮痂凹陷深达 3~4 毫米，常常数个疮痂相连，造成很深的裂口，病块茎品质变劣，不耐贮藏。

（二）防治措施

选用高抗疮痂病的品种。

在块茎生长期间，保持土壤湿度，特别是秋马铃薯薯块膨大期保持土壤湿润，防止干旱。秋季适当晚播，使马铃薯结薯初期避过高温。秋季马铃薯块茎膨大初期，小水勤浇，保持土壤湿润，降低地温。

实行轮作倒茬，在易感疮痂病的甜菜地块以及碱性地块上不种植马铃薯。

施用的有机肥料，要充分腐熟。种植马铃薯的地块上，应避免施用石灰。秋季用 1.5~2 千克/亩硫黄粉撒施后翻地进行土壤消毒，播种开沟时每亩再用 1.5 千克硫黄粉沟施消毒。

药剂防治。可用 0.2% 的福尔马林溶液，在播种前浸种 2 小时，或用对苯二酚溶液，于播种前浸种 30 分钟，而后取出晾干播种。为保证药效，在浸种前需清理块茎上的泥土。春雷霉素、氢氧化铜等药剂对病菌也有一定的杀灭作用。

五、粉痂病

粉痂病是真菌性病害，在南方一些地区常造成不同程度的产量损失。患粉痂病的植株生长势差，产量急剧下降。受害的块茎后期和疮痂病相似，块茎外形受到严重影响，降低商品价值，而且患病块茎不易贮藏。

（一）症状

主要发生于块茎、匍匐茎和根上。块茎染病初在表皮上出现针头大的褐色小斑，外围有半透明的晕环，而后小斑逐渐隆起、膨大，成为直径 3~5 毫米不等的疱斑，其表皮尚未破裂，为粉痂的"封闭疱"阶段。后随病情的发展，疱斑表皮破裂、皮卷，皮下组织呈橘红色，散出大量深褐色粉状物（孢子囊球），疱斑下陷，外围有晕环，为粉痂的"开放疱"阶段。根部染病，于根的一侧长出豆粒大小单生或聚生的瘤状物。

（二）防治措施

选用无病种薯，把好收获、贮藏、播种关，汰除病薯。必要时可用50%烯酰吗啉可湿性粉剂，或70%代森锌可湿性粉剂，或2%盐酸溶液，或40%福尔马林200倍液浸种5分钟；或用40%福尔马林200倍液将种薯浸湿，再用塑料布盖严闷2小时，晾干播种。播种穴中施用适量的豆饼，对粉痂病有较好的防治效果。

实行轮作，发生粉痂病的地块5年后才能种植马铃薯。

履行检疫制度，严禁从疫区调种。

增施基肥或磷钾肥，多施石灰或草木灰，改变土壤酸碱度。加强田间管理，采用起垄栽培，避免大水漫灌，防止病菌传播蔓延。

六、青枯病

青枯病是一种世界性病害，尤其在温暖潮湿、雨水充沛的热带或亚热带地区更为严重。在长城以南大部分地区都可发生青枯病，黄河以南、长江流域地区青枯病最重，发病重的地块产量损失达80%左右，已成为毁灭性病害。青枯病最难控制，既无免疫抗原，又可经土壤传病，需要采取综合防治措施才能收效。

（一）症状

在马铃薯整个生育期均可发生。植株发病时一个主茎或一个分枝出现急性萎蔫青枯，其他茎叶暂时照常生长，几天后，又同样出现上述症状以致全株逐步枯死。发病植株茎秆基部维管束变黄褐色。若将一段病茎的一端直立浸于盛有清水的玻璃杯中，静置数分钟后，可见到在水中的茎端有乳白色菌脓流出，此方法可对青枯病进行确定。块茎被侵染后，芽眼会出现灰褐色，患病重的切开后可以见到环状腐烂组织。

（二）防治措施

选用抗病品种。对青枯病无免疫抗原材料，选育的抗病品种只是相对病害较轻，比易感病品种损失较小，所以仍有利用价值。主要抗病品种有阿奎拉、怀薯6号、鄂783-1等。

利用无病种薯。在南方疫区所有的品种都或多或少感病，若不用无病种薯更替，病害会逐年加重，后患无穷。所以应在高纬度地区，建立种薯繁育基地，培育健康无病种薯，利用脱毒的试管苗生产种薯，供应各地生产上用种，当地不留种，过几年即可达到防治目的。此方法虽然人力物力花费大些，却是一项最有效的措施。

采取整薯播种，减少种薯间病菌传播。实行轮作，消灭田间杂草，浅松土，锄草尽量不伤及根部，减少根系传病机会等。

禁止从病区调种，防止病害扩大蔓延。

药剂防治。发病初期可用50%氯溴异氰尿酸可溶性粉剂1 200倍液，每7~10天施药1次，连施2~3次，具有一定效果。

七、病毒病

马铃薯病毒病由多种病毒侵染引起，其中的一些病毒除了为害马铃薯外，还可侵染番茄、甜椒、大白菜等作物。病毒病是马铃薯发生普遍而又严重的病害，世界各地均有发生，严重影响产量。

（一）症状

马铃薯病毒病田间表现症状复杂多样，常见的症状主要有3种。

1. 花叶

叶子上出现淡绿、黄绿和浓绿相间的花斑，叶子缩小，叶尖向下弯曲，皱缩，植株矮化。严重时，全株发生坏死性花斑，叶片严重皱缩，甚至枯死，该症一般称为皱缩花叶病，有时表现为隐症，但可以成为侵染源，一般在薯块上没有症状。

2. 卷叶

病株叶片边缘向上卷曲，重时呈圆筒状，色淡，有时叶背呈现红色或紫红色。叶片变硬，革质化，稍直立。严重时，株形松散，节间缩短，植株矮化，有时早死，有些品种病株块茎切面呈网状坏死斑。一般称为卷叶病。

3. 条斑

发病植株顶部叶片的叶脉产生斑驳，后背面叶脉坏死，严重时沿叶柄蔓延到主茎，主茎上产生褐色条斑，导致叶片完全坏死并萎蔫。病株矮小，茎叶变脆，节间短，叶片呈花叶状，丛生。一般称为条斑病。

(二) 防治措施

选用抗病品种。

推广利用脱毒薯。建立脱毒薯繁育基地，通过检测淘汰病薯，生产上通过二季栽培留种。利用茎尖脱毒苗生产种薯，因地制宜地实行留种和保种措施，防止蚜虫传毒和各种条件下的机械传毒，建立良种繁殖体系。

加强栽培管理。加大行距，缩小株距，高垄深沟栽培，施足基肥，增施磷、钾肥，合理灌水，及时拔除病株，减轻发病。

防治蚜虫。调整播种期、收获期。春季早播、早收，秋季适当晚播，避开蚜虫迁飞高峰，减轻蚜虫为害传播，躲过高温影响。马铃薯出苗后，立即喷药防治蚜虫。

整薯播种。种薯田应采用整薯播种，杜绝部分病毒及其他病害借切刀传播。

药剂防治。用 1.5% 烷醇·硫酸铜可湿性粉剂 1 000 倍液加 20% 吗胍·乙酸铜可湿性粉剂 600 倍液，每隔 7 天喷 1 次，连喷

3~4次，防病效果较好。

八、癌肿病

马铃薯癌肿病是危害性极大的病害，分布在世界50多个国家，我国仅在西南少数地区发生，是我国检疫性有害生物。

（一）症状

马铃薯植株除根部外，各个部位受害后，都能形成大小不一的肿瘤，小的如油菜籽，大的可长满整个薯块，个别的可超过薯块的百倍。瘤状组织初为黄白色，露出土表的肿瘤变为绿色，后期变为黑褐色，易腐烂并产生恶臭味。带菌种薯在贮藏期还可继续侵染而致烂害。

（二）防治措施

选用无病种薯。严格执行检疫，只能从无病区引种，并对引进种薯进行检验，严防带病的马铃薯扩大种植和作为种薯调出。

切薯播种时，必须进行切刀消毒，切薯时间以播种前1~2天为宜，切块时用75%的乙醇、0.1%的高锰酸钾溶液浸泡切刀5~6分钟，并备用两把切刀，轮换消毒切薯。挑好种薯或切薯后，用1%的石灰水或0.1%高锰酸钾液浸种薯1小时后晾干，方可播种。

实行轮作，以减轻发病。

在进行相关的农事操作前一定要做好自身的清洁工作，防止把病原菌带到健康的田块。新发病轻微的田块，见病株及时挖出并集中烧毁。

加强栽培管理，施用充分腐熟的粪便或沤肥。

及早施药防治。坡度不大、水源方便的田块，于70%植株出苗至齐苗期，用20%三唑酮乳油1 500倍液浇灌；在水源不方便的田块可于苗期、蕾期喷施20%三唑酮乳油2 000倍液，每亩喷施药液 50~60 千克。

九、黑心病

马铃薯黑心病是马铃薯贮藏期间的生理病害，发病的主要原因是高温和通气不良。贮藏的块茎，在缺氧的情况下，40~42℃时 1~2 天，36℃时 3 天，27~30℃时 6~12 天即能发生黑心病。即使在低温条件下，若长期通气不良，也能发病。该病多发生在块茎运输过程中、呼吸旺盛的早春、刚收获后和块茎堆积过厚等情况下，块茎内部本来就容易缺氧，在高温条件下，由于呼吸增强，耗氧多，进一步造成了缺氧状态。

（一）症状

黑心病主要在块茎中心部发生。切开块茎后，中心部呈黑色或褐色，变色部分轮廓清晰，形状不规则，有的变黑部分分散在薯肉中间，有的变黑部分中空，变黑部分失水变硬，呈革质状，放置在室温条件下还可变软。有时切开薯块无病症，但在空气中，中心部很快变成褐色，进而变成黑色。块茎的外观常不表现症状。但发病严重时，黑色部分延伸到芽眼部，外皮局部变褐并凹陷，易受外界病菌感染而腐烂。

（二）防治措施

防止黑心病的办法，主要是在运输和贮藏过程中避免高温和通气不良；防止块茎堆积过高，注意保持低温；防止长时间日晒；在大田生产过程中，也要创造适宜的田间温度条件，防止高温。染病块茎作为种薯播种后，多腐烂而不能出苗。

十、黑胫病

黑胫病在华北和西北地区较为普遍。植株发病率轻者 2%~5%，重的可达 50% 左右。病重的块茎播种后未出苗即烂掉，有的幼苗出土后病害发展到茎部，也很快死亡，所以常造成缺苗断垄。

（一）症状

被侵染植株的茎基部呈黑色腐烂状并部分伴有臭味，此病可以发生在植株生长的任何阶段。如发芽期被侵染，有可能在出苗前就死亡，造成缺苗；在生长期被侵染，叶片褪绿变黄，小叶边缘向上卷，植株僵直萎蔫，基部变黑，非常容易被拔出，以后慢慢枯死。最明显症状是茎基发黑，直到与母薯相连接的部位，并很快软化腐烂，极易被拔出土面。纵剖病株，可见维管束明显变褐。一般重病株所结的薯，在收获前已在田里腐烂，并发出恶臭气味。

（二）防治措施

选用抗病耐病品种，如克新4号、克新1号、高原7号等。

适当增加氮肥，合理灌水。一旦发现病株，立即拔除。清除田间马铃薯病残体，杜绝侵染源。选排水条件好的土地种植马铃薯，防止土壤积水或湿度大，导致病害发展。

建立无病留种地，生产无病种薯。

种薯播种前进行严格检查，并在催芽时淘汰病薯。

收获、运输、装卸过程中防止薯皮擦伤。贮藏前使块茎表皮干燥，贮藏期间注意通风，防止薯块表面水湿。

药剂防治。用0.01%~0.05%的溴硝丙二醇溶液浸种15~20分钟，或用0.05%~0.1%春雷霉素溶液浸种30分钟，或用0.2%高锰酸钾溶液浸种20~30分钟，而后取出晾干播种，具有较好的预防效果。

十一、褐心病

一般较大块茎容易发病，其主要原因是在迅速膨大的块茎增长期土壤水分不足，特别是该期土壤水分急剧下降而土壤干旱时，更易发生此种病害。

（一）症状

这种病薯的表面几乎无任何症状，但切开薯块后，可看到在薯内分布有大小不等、形状不规则的褐色斑点。褐色部分的细胞已经死亡，成为木栓化组织，淀粉粒也几乎全部消失，不易煮烂，失去了食用价值。

（二）防治措施

主要是增施有机肥料，提高土壤的保水能力，特别要注意块茎增长期及时满足水分的供应，防止土壤干旱。此外还要注意选用抗病品种，有轻微病症的薯块作种薯，一般无影响。

十二、软腐病

马铃薯软腐病主要在生长后期、贮藏期对薯块为害严重，主要为害叶、茎及块茎。

（一）症状

块茎受害初期在表皮上显现水浸状小斑点，以后迅速扩大，并向内部扩展，呈现多水的软腐状，腐烂组织变褐色至深咖啡色，组织内的菌丝体开始为白色，后期变为暗褐色。湿度大时，病薯表面形成浓密、浅灰色的絮状菌丝体，以后变灰黑色，间杂很多黑色小球状物（孢子囊）。后期腐烂组织形成隐约的环状，湿度较小时，可形成干腐状。块茎染病多从皮层伤口引起，开始呈水浸状，以后薯块组织崩解，发出恶臭。在30℃以上时往往溢出多泡状黏稠液，腐烂中若温、湿度不适宜则病斑干燥，扩展缓慢或停止，在有的品种上病斑外围常有一变褐环带。

（二）防治措施

收获时避免造成机械伤口，入库前剔除伤、病薯，用0.05%

硫酸铜液剂或 0.2%漂白粉液洗涤或浸泡薯块可以杀灭潜伏在皮孔及表皮的病菌。贮藏中早期温度控制在 13~15℃，经 2 周促进伤口愈合，之后在 5~10℃通风条件下贮藏。

第二节　马铃薯虫害防治技术

一、蚜虫

（一）为害症状

蚜虫在为害蔬菜时，以成虫或若虫群集在幼苗、嫩叶、嫩茎和近地面叶上，以刺吸式口器吸食寄主的汁液。由于蚜虫的繁殖力大，为害密集，而使马铃薯叶严重失水和营养不良，造成叶面卷曲皱缩，叶色发黄，难以正常生长，甚至造成整个叶片由于失水发软而瘫在地上。此外，蚜虫还是多种病毒的传播者，传毒所造成的危害远远大于蚜虫本身的危害。

（二）防治措施

选取高海拔冷凉地区作生产种薯基地，或于风大蚜虫不易降落的地点种植马铃薯，以防蚜虫传毒。或根据有翅蚜飞迁规律，采用种薯早收的方法，躲过蚜虫高峰期，以保种薯质量。

药剂防治。发生初期用 50%抗蚜威可湿性粉剂 2 000~3 000 倍液，或 0.3%苦参碱可溶液剂 1 000 倍液，或 10%吡虫啉可湿性粉剂 2 000 倍液，或 2.5%溴氰菊酯乳油 2 000~3 000 倍液，或 20%氰戊菊酯乳油 3 000~5 000 倍液，或 10%氯氰菊酯乳油 2 000~4 000 倍液，或 3%啶虫脒乳油 800 倍液等药剂交替喷雾，效果较好。

二、蛴螬

(一) 为害症状

蛴螬为金龟子的幼虫。金龟子种类较多,各地均有发生。幼虫在地下为害马铃薯的根和块茎。其幼虫可把马铃薯的根部咬食成乱麻状,把幼嫩块茎吃掉大半,在老块茎上咬食成孔洞,严重时造成田间死苗。

(二) 防治措施

施用的农家肥料要经高温发酵,使肥料充分腐熟,以便杀死幼虫和虫卵。

毒土防治。每亩用50%辛硫磷乳剂400~500克,或3%辛硫磷颗粒1.5~2千克,拌细土50千克,于播前施入犁沟内或播种覆土。或每亩用80%敌百虫可溶粉剂500克加水稀释,而后拌入35千克细土配制成毒土,在播种时施入穴内或沟中。

毒饵诱杀。用0.38%苦参碱乳油500倍液,或50%辛硫磷乳油1 000倍液,或80%敌百虫可溶粉剂(用少量水溶化),和炒熟的棉籽饼或菜籽饼拌匀,于傍晚撒在幼苗根的附近地面上诱杀。

在成虫盛发期,对害虫集中的作物或树喷施50%辛硫磷乳剂1 000倍液,或90%敌百虫可溶粉剂1 000倍液,或2.5%溴氰菊酯乳油3 000倍液,或30%乙酰甲胺磷乳油500倍液,或20%氰戊菊酯乳油3 000倍液防治。

三、地老虎

地老虎俗名地蚕、切根虫、黑地蚕、土蚕等。地老虎的种类很多,在我国常见的有3种:小地老虎、黄地老虎和大地老虎。其中小地老虎属于世界性的大害虫,分布最广。

（一）为害症状

地老虎的食性极杂，是多食性害虫。可为害茄科、豆科、十字花科、葫芦科以及其他多种蔬菜，还可为害多种粮食作物和多种杂草。地老虎以幼虫为害马铃薯幼苗，将幼苗从茎基部咬断，或咬食块茎。

（二）防治措施

清除田间及地边杂草，使成虫产卵远离本田，减少幼虫为害。

用毒饵诱杀。以80%的敌百虫可溶粉剂500克加水溶化后和炒熟的棉籽饼或菜籽饼20千克拌匀，或用灰灰菜、刺儿菜等鲜草约80千克，切碎和药拌匀作毒饵，于傍晚撒在幼苗根的附近地面上诱杀。

用灯光或黑光灯诱杀成虫效果也很好。或配制糖醋液诱杀成虫，糖醋液配制方法：糖6份、醋3份、白酒1份、水10份、敌百虫1份调匀，在成虫发生期设置。某些发酵变酸的食物，如甘薯、胡萝卜、烂水果等加入适量药剂，也可诱杀成虫。

药剂防治。用50%辛硫磷乳油1 000倍液喷雾，或用敌百虫加细土制成毒土撒施防治，或用48%毒死蜱乳油1 000倍液灌根防治。在地老虎1~3龄幼虫期，采用2.5%阿维菌素可湿性粉剂1 500倍液，或48%毒死蜱乳油2 000倍液，或10%顺式氯氰菊酯乳油1 500倍液，或2.5%溴氰菊酯乳油1 500倍液，或20%氰戊菊酯乳油1 500倍液等地表喷雾。

四、茶黄螨

茶黄螨属于蜱螨目，是世界性的主要害螨之一，为害严重。

（一）为害症状

茶黄螨对马铃薯嫩叶为害较重，特别是二季作地区的秋季马铃薯植株中上部叶片大部分受害，顶部嫩叶受害最重，严重影响植株生长。被害的叶背面有一层黄褐色发亮的物质，叶片向叶背卷曲，变成扭曲、狭窄的畸形状态，症状严重的叶片干枯。

（二）防治措施

用73%炔螨特乳油2 000~3 000倍液，或0.9%阿维菌素乳油4 000~6 000倍液喷雾，防治效果都很好。5~10天喷药1次，连喷3次。喷药重点在植株幼嫩的叶背和茎的顶尖，并使喷嘴向上，直喷叶子背面效果才好。许多杂草是茶黄螨的寄主，对马铃薯田块周围的杂草集中焚烧，或使用药剂防治茶黄螨。

五、蝼蛄

蝼蛄属于直翅目，各地普遍发生。在河北、山东、河南、江苏、安徽、陕西和辽宁等地的盐碱地和砂壤地为害最重。

（一）为害症状

蝼蛄通常栖息于地下，夜间和清晨在地表下活动，吃新播的种子，咬食作物根部，对作物幼苗伤害极大，是重要的地下害虫。蝼蛄潜行于土中，形成隧道，使作物幼根与土壤分离，因失水而枯死，造成幼苗枯死或缺苗断垄。蝼蛄在华北地区3年完成一代，在黄淮海地区2年完成一代。成虫在土中10~15厘米处产卵，每次产卵120~160粒，最多达528粒。卵期25天左右，初孵化出的若虫为白色，而后呈黑棕色。成虫和若虫均于土中越冬，在土壤中最深可达1.6米。

（二）防治措施

毒饵诱杀。可用菜籽饼、棉籽饼或麦麸、秕谷等炒熟后，以25千克食料拌入90%敌百虫可溶粉剂1.5千克。在害虫活动的地点于傍晚撒在地面上毒杀。

黑光灯诱杀。于19:00—22:00在没有作物的平地上以黑光灯诱杀，尤其在天气闷热的雨前夜晚诱杀效果最好。

六、块茎蛾

块茎蛾主要是幼虫为害马铃薯。在长江以南的云南、贵州、四川等省种植马铃薯和烟草的地区，块茎蛾为害严重。湖南、湖北、安徽、甘肃、陕西等省也有块茎蛾为害。

（一）为害症状

幼虫潜入叶内，沿叶脉蛀食叶肉，只留上下表皮，呈半透明状，严重时嫩茎、叶芽也被害枯死，幼苗可全株死亡。田间或贮藏期可钻蛀马铃薯块茎，蛀食块茎呈蜂窝状甚至全部蛀空，外表皱缩并引起腐烂，以块茎贮藏期间为害最为严重，受害轻时产量损失 10%~20%，重时可达 70%左右。

（二）防治措施

选用无虫种薯，避免马铃薯与烟草及茄科作物长期连作。禁止从病区调运种薯，防止扩大传播。

块茎在收获后马上运回，不使块茎在田间过夜，防止成虫在块茎上产卵。

清洁田园，结合中耕培土，避免薯块外露招引成虫产卵为害。集中焚烧田间植株和地边杂草，以及种植的烟草。

清理贮藏窖、库，并用敌敌畏等熏蒸灭虫。每立方米贮藏库可用 1 毫升敌敌畏熏蒸。

在成虫盛发期，可用 4.5% 高效氯氰菊酯乳油 1 000~1 500 倍液喷雾防治。

七、二十八星瓢虫

二十八星瓢虫主要包括马铃薯瓢虫和茄二十八星瓢虫。前者又名大二十八星瓢虫，后者又名小二十八星瓢虫、酸浆瓢虫。俗名花大姐、花包袱、胖小等。马铃薯瓢虫主要分布于东北、华北、内蒙古等地，茄二十八星瓢虫分布在全国，以长江以南各省受害最重。两种瓢虫寄生植物种类很多，主要为害马铃薯、茄子等。

（一）为害症状

成虫及幼虫均可为害。幼龄幼虫多啃食叶肉，仅留表皮。老熟幼虫及成虫为害全部叶片，仅剩主叶脉，还能取食花瓣、萼片，严重时可将植株吃得只剩残茎。

（二）防治措施

由于繁殖世代不整齐，成虫产卵后，幼虫及成虫共同取食马铃薯叶片，可利用成虫假死习性，人工捕捉成虫，摘除卵块。在田边、地头巡查，消灭成虫越冬虫源。

用50%敌敌畏乳油500倍液喷洒，对成虫、幼虫杀伤力都很强，防治效果达100%。防治幼虫应抓住幼虫分散前的有利时机，用20%氰戊菊酯乳油或2.5%溴氰菊酯乳油3 000倍液，或50%辛硫磷乳油1 000倍液，或2.5%高效氯氟氰菊酯乳油3 000倍液喷雾。发现成虫即开始喷药，每10天喷药1次，在植株生长期连续喷药3次，即可完全控制其为害程度。注意喷药时喷嘴向上喷雾，从下部叶背到上部叶面都要喷药，以便把孵化的幼虫全部杀死。

第三节　马铃薯草害防治技术

一、杂草的危害

田间杂草生长与马铃薯争肥、争水、争空间，严重影响马铃薯的产量和质量。马铃薯生长前期，杂草抗逆性强，生长旺盛，处于竞争优势地位，马铃薯秧苗小，处于竞争劣势，严重时会造成连片草荒。马铃薯生长中后期，杂草与马铃薯生长竞争，杂草生长消耗掉土壤中的养分和水分，用于马铃薯生长结果的养分和水分相对减少，会导致马铃薯减产。生产中要加强防治草害，以减轻损失，促进产量和效益的提高。杂草的危害与气候条件、农田周边环境有密切关系，地域不同，田间杂草群落各异，其危害程度也存在差异。马铃薯田间主要杂草有稗、野燕麦、看麦娘、马唐、狗尾草、藜、卷茎蓼、苍耳、灰菜、苦苣菜、冰草、芦苇、猪毛菜、凹头苋、马齿苋、小蓟、大蓟、扁蓄、田旋花、苣荬菜、千金子、小旋花、问荆、荠菜、菟丝子及蒿类杂草等。西北马铃薯田间优势杂草是灰菜、苦苣菜、小蓟、大蓟、冰草、芦苇、问荆、马齿苋等。马铃薯田间既有禾本科的杂草，又有阔叶杂草，给防治带来一定的难度。

二、杂草防治措施

马铃薯田间杂草的控制应针对不同区域杂草优势种类、区域作物结构以及当年气象条件，综合采用农业、化学的方法，以切实控制危害，在农业措施基础上，按照土壤封闭、茎叶喷雾、行间除草、封杀结合和区域治理的原则，有效控制马铃薯田杂草的危害。

（一）提高整地质量

秋冬季深耕，将杂草深埋，种前浅耕灭茬，清除杂草后播种。

（二）应用黑膜覆盖

黑膜具有很好的抑草作用，生产中应大面积推广，以控制田间杂草的生长。

（三）合理调控土壤湿度

露地种植马铃薯，保持田间土壤表层干燥、心土湿润，创造不利杂草发生的条件，以抑制杂草的生长。

（四）中耕除草

在马铃薯生长季适时进行中耕除草，能够斩断草根，有效防除田间萌发的杂草。

（五）化学灭草

1. 播种前灭草

在草荒地块或马铃薯播种前杂草萌发出土较多的地块，可选用41%草甘膦异丙胺盐水剂100~250毫升/亩喷防。

2. 播后苗前土壤封闭除草

马铃薯播后苗前土壤处理一般每亩用96%异丙甲草胺乳油40~80毫升，或50%乙草胺乳油150~200毫升，或48%氟乐灵乳油100~130毫升，或45%二甲戊灵微囊悬浮剂100~110毫升。种植规模小的农户每亩可用68.6%嗪酮·乙草胺乳油150毫升，或67%异松·乙草胺乳油220毫升，或70%嗪草酮可湿性粉剂40克+90%乙草胺乳油100毫升进行地面喷雾封闭，防除禾本科杂草及阔叶杂草，施用药液量50升/亩。

3. 马铃薯苗后茎叶除草

一般在薯苗10厘米以下、杂草2~5叶时施用除草剂。适合的除草剂如下。

15%精吡氟禾草灵乳油，每亩用50~100毫升在杂草3~5叶喷防。

5%精喹禾灵乳油，每亩用50~80毫升在杂草2~5叶时喷防。

25%砜嘧磺隆水分散粒剂，每亩用5~6克在杂草2~5叶时喷防。

第九章 马铃薯精深加工技术

第一节 马铃薯粉制品

一、马铃薯淀粉

（一）工艺流程

清洗→粉碎→分离→精制→干燥→粉碎筛理。

（二）操作要点

1. 清洗

马铃薯通过流水槽和清洗机除去表面黏附的泥灰、杂质等。1 吨马铃薯清洗的耗水量为 6 立方米左右，经清洗后，马铃薯的杂质含量不应高于 0.1%。清洗时间约为 12 分钟。

2. 粉碎

清洗后的马铃薯送入粉碎机中，磨成细碎的丝条状并打成糊浆，然后用水将糊浆稀释，再进行分离。加入水量不大于马铃薯重量的 50%，从渣中洗得的淀粉乳约占 70%，其含量为 3.5%~5%，洗涤后得到的细渣还要进行二次磨碎，才能提高分离效果。使渣中干物质含量少于 10%~20%。由于马铃薯块茎中含有的酪氨酸酶能使淀粉变色，因此粉碎时要通入二氧化硫以抑制酪氨酸酶的作用。

3. 分离

被稀释后的糊浆送到一组筛中进行筛分。组合筛由构造规格不同的粗细筛垂直重叠组合而成。筛选操作中，稀释糊浆由下层带刷回转筛进行筛理，淀粉和水穿过筛孔，而细渣被排出。同时采用喷淋水进行洗涤。淀粉乳汇合，其中含渣量应不大于8%（以干基计），而粉渣中游离淀粉的含量不超过 3%（以干基计）。

4. 精制

从粗筛中得到的淀粉乳，还需进行精制，将可溶性蛋白质与水的混合物中存在的极细的纤维渣除去，然后在螺旋沉降式离心机中进行分离。分离后汁液中淀粉含量不超过 0.03%。经精制后淀粉乳的纯度达到 96%~98%。

5. 干燥

精制后的湿淀粉含水量约为 50%，不易贮存，应干燥成干粉，或直接用作生产淀粉糖或其他变性淀粉。湿淀粉可贮存于特制的贮存池内。淀粉表面留一层清水，每日更换水，或将湿淀粉置于冷冻状态下贮存。湿淀粉的干燥应掌握时间和温度。淀粉糊化的温度是 58~65℃，因此，干燥处理时淀粉温度不能超过此温度。

6. 粉碎筛理

干燥后取出摊凉，再用粉碎机粉碎，最后通过孔径为 0.11毫米的绢筛筛理，以除去小粉块，然后用布袋包装。

二、马铃薯全粉

马铃薯全粉是用马铃薯加工得到的产品，是食品工业的基料。经科学配方，添加相应营养成分，可制成全营养、多品种、多风味的方便食品、膨化食品、冷饮食品以及特殊人群（高脂血症、糖尿病患者，老年人，妇女，儿童等）食用的多种营养食品、休闲食品。

（一）工艺流程

原料选择→清洗→去皮→切片→蒸煮→调整→干燥、筛分→包装。

（二）操作要点

1. 原料选择

原料质量对制备成品的质量有直接影响。不同品种的马铃薯，其干物质含量、薯肉色泽、芽眼深浅、还原糖含量、龙葵素含量和多酚氧化酶含量都有明显差异。干物质含量高，则出粉率高；薯肉白者，成品色泽浅；芽眼多又深，则出品率低；还原糖分含量高时，成品色泽深；龙葵素含量高，去除毒素的难度大，工艺复杂；多酚氧化酶含量高，半成品褐变严重，会导致成品色泽深。因此，生产马铃薯全粉时必须选用芽眼浅、薯形好、肉色白、还原糖和龙葵素含量少的品种。

将选好的马铃薯除去带霉斑和腐烂的薯块，经带式输送机对原料进行称量。

2. 清洗

称量后的马铃薯，经干式除杂机除去沙土和杂质，随后送至滚筒式清洗机中清洗干净。

3. 去皮

清洗后的马铃薯按批量装入蒸汽去皮机，在 5~6 兆帕压力下加热 20 秒，使马铃薯表面浸软，然后用流动水冲洗外皮。蒸汽去皮对原料没有形状要求，蒸汽可均匀作用于整个马铃薯表面，能除去 0.5~1.0 毫米厚的皮层。去皮过程中要注意防止由多酚氧化酶引起的酶促褐变，可加入亚硫酸盐抑制剂预防，再用清水冲洗。

4. 切片

去皮后的马铃薯用切片机切成厚 8~10 毫米的片（薯片过薄

会使成品风味受到影响，干物质损耗增大），并防止切片过程中出现酶促褐变。

5. 蒸煮

蒸煮的目的是马铃薯熟化，以固定淀粉链。先经温度为68℃、时间15分钟的预煮，随后在100℃蒸煮，时间15~20分钟。蒸煮结束后，在混料机中将蒸煮过的马铃薯片粉碎成小颗粒，其粒径为0.15~0.25毫米。

6. 调整

将马铃薯颗粒在流化床中降温为60~80℃，直到淀粉老化完成。要尽可能使游离淀粉降至1.5%~2.0%，以保持产品原有的风味和口感。

7. 干燥、筛分

调整后的马铃薯颗粒在流化干燥床中进行干燥，干燥温度为进口140℃、出口60℃，水分控制在6%~8%。干燥物料经筛分机筛分后，将成品送到成品间贮存，不符合粒度要求的物料经管道送入混料机中重复加工。

8. 包装

成品间中的马铃薯全粉，经自动包装机包装后，送至成品库存放待销，或进一步加工成系列产品。

三、马铃薯颗粒粉

马铃薯颗粒粉是脱水的单细胞或马铃薯细胞的聚合体，含水量约7%。

（一）工艺流程

原料处理→蒸煮→捣碎、混合→干燥→过筛→添加食品添加剂。

（二）操作要点

1. 原料处理

将马铃薯清洗干净，由去皮机去皮，经过人工检查和修整，然后切成厚度为 1.6～1.9 厘米的片，可保证薯片在蒸煮时均匀一致。

2. 蒸煮

用输送带将 15～20 厘米厚的马铃薯层从常压蒸汽中通过，起到蒸煮作用。蒸煮时长根据原料品种和码放的厚度而定，一般需要 30～40 分钟。

3. 捣碎、混合

将蒸煮的马铃薯片用捣碎机捣碎，与回填的马铃薯细粒进行混合，应均匀一致。操作时要注意避免马铃薯细胞粒破碎，达到粒性好的要求，即成品中大部分为单细胞颗粒。回填物要求应含有一定量的单细胞颗粒，能吸收更多的水分。

通过捣碎与回填，并采用保温静置的方法，可以明显地改进混合物的成粒性，并使混合物的含水量由 45% 降至 35%。实验证明：混合物在 5.8℃ 静置可产生 20% 的粒径小于 70 目（0.212mm）的产品，在 3.9℃ 静置能产生 62% 的同样大小的产品。不论是湿混合物还是马铃薯淀粉胶质，通过静置均可减少其可溶性淀粉，降低淀粉的膨胀力。静置时会形成一些结块，可通过混合搅拌处理加以解决。

4. 干燥

产品可用气流干燥机进行干燥。这种气流干燥机所用的气流速度相当小，因此对产品的细胞破坏也少。如果气流速度过大，就会损伤淀粉颗粒。

5. 过筛

当马铃薯颗粒干燥到含水量 12%～13% 时过筛，用粒径为

60～80 目（0.180～0.250mm）的颗粒作回填物，过筛后的细粉也可部分作回填物。另一部分作成品时，需进一步在流化床上进行干燥。干燥时间为 10～30 秒，使薯粒含水量降到 6%左右。粒径大于 16 目（1.18mm）的薯粒不能回填，因为它不能迅速从新添加的薯粒中吸收水分，无法形成均匀的颗粒。

6. 添加食品添加剂

按 20%～30%的亚硫酸钠、5%～28%的钾明矾或铵明矾、45%～60%的食盐配成添加剂，配好后用淀粉作载体，添加 200 毫克/千克的亚硫酸盐，基本上可抑制成品的非酶褐变。为了防止马铃薯颗粒的氧化变质，可加入一些抗氧化剂，如丁基羟基茴香醚、二丁基羟基甲苯等，其用量为 1～5 毫克/千克。添加方法是将抗氧化剂与部分马铃薯颗粒混合，制成 5 毫克/千克的抗氧化混合物，然后再加到马铃薯细粒中，使之达到合适浓度。

四、马铃薯粉条

（一）工艺流程

选料提粉→配料打芡→加矾和面→沸水漏条→冷浴晾条→打捆包装。

（二）操作要点

1. 选料提粉

选择淀粉含量高、收获后 30 天以内的马铃薯作原料。剔除冻、烂、腐薯块和杂质，用水反复冲洗干净，粉碎、打浆、过滤、沉淀提取淀粉。

2. 配料打芡

按含水量 35%以下的马铃薯淀粉 100 千克加水 50 千克配料。先取 5 千克淀粉放入盆内，再加入其重 70%的温水调成稀浆，然后用开水从中间猛倒入盆内，迅速用木棒或打芡机按顺时针方向搅动，直到搅成有很大黏性的团即成芡。

3. 加矾和面

按 100 千克淀粉加 0.2 千克明矾的比例，将明矾研成面放入和面盆中，再把打好的芡倒入，搅拌均匀，使和好的面含水量在 48%~50%，面温保持在 40℃左右。

4. 沸水漏条

先在锅内加水至九成满，煮沸，再把和好的面装入孔径 10 毫米的漏条机上试漏，当漏出的粉条直径达到 0.6~0.8 毫米时，固定高度，然后往沸水锅里漏，边漏边往外捞，锅内水量始终保持在头次出条时的水位，锅水控制在微开程度。

5. 冷浴晾条

将漏入沸水锅里的粉条，轻轻捞出放入冷水槽内，搭在棍上，再放入 15℃水中浴 5~10 分钟，取出后架在 3~10℃房内阴晾 1~2 小时，以增强其韧性。然后架在日光下晾晒，含水量到 20%左右时，收敛成堆，去掉条棍，使其干燥。

6. 打捆包装

含水量降至 16%时，打捆包装，即可销售。

五、马铃薯粉丝

（一）工艺流程

原料选择→淀粉加工→打芡和面→漏粉成型→冷却与晾晒。

（二）操作要点

粉丝加工过程基本与粉条加工过程相同，唯在漏粉时所用漏条机孔径较小。其加工操作要点如下所述。

1. 原料选择

挑选无虫害、无霉烂的马铃薯，洗去表皮的泥沙和污物。

2. 淀粉加工

将洗净的马铃薯粉碎过滤，加入适量酸浆并搅拌沉淀（酸浆水由第一次沉淀的浮水单独存放而成），酸浆用量视气温而定。气温若在10℃左右，pH调到5.6~6.0；气温若在20℃以上，pH调到6.0~6.5。将沉淀好的粉汁迅速排除浮水、挖去上层黑粉再加1次清水用木棒搅匀，沉淀、排水、起粉吊包，以增加黏力使淀粉洁白，吊包后可用手掰成片状置于密闭容器用硫黄熏。

3. 打芡和面

在盆内按淀粉质量的2倍加50℃温水，边加水边搅和成稀粉糊，再将开水迅速倒入调好的稀粉糊内，用木棒顺时针方向迅速搅拌，至粉透明均匀即成粉芡。再将粉芡与湿淀粉混合，粉芡的用量占和面比例为冬季5%、春夏秋季4%，和面温度为30℃左右；天冷时将和面盆放于40℃左右的温水中。和成的面含水量为48%~50%，和面前还要加入淀粉总量0.3%~0.6%的白矾粉末。

4. 漏粉成型

将和好的粉面装入漏粉瓢内，再边漏边拍打边加粉面。待粉下漏均匀后再转到锅上，粉瓢与锅内水面距离45~55厘米，同时加热保持水微开。

5. 冷却与晾晒

锅内的水要保持与出粉时持平，以便将煮过的粉丝出锅浸入冷水。冷却水要勤换。捞粉要轻，吊粉要齐。捞出的粉丝在粉竿上晾干，粉丝晾干后即可打捆出售。

六、马铃薯粉皮

粉皮是淀粉制品的一种，其特点是薄而脆，烹调后有韧性，具有特殊风味，不但可配制酒宴凉菜，也可配菜做汤，物美价廉，食用方便，因而得到了人们的青睐。原料为马铃薯淀粉、明矾、其他添加剂。马铃薯粉皮有圆形粉皮（人工制）和机制粉皮。

（一）圆形粉皮（传统作坊粉皮）

1. 工艺流程

调糊→成型→冷却、漂白→干燥→包装。

2. 操作要点

（1）调糊

取含水量为 45%～50% 的湿淀粉或小于 13% 的干淀粉。用干淀粉量 2.5～3.0 倍的冷水慢慢加入，并不断搅拌成稀糊，加入明矾水（明矾量为 100 千克淀粉加明矾 300 克），搅拌均匀，调至无粒块为止。

（2）成型

取调成的粉糊 60 克左右，放入旋转盘内。旋转盘为铜或白铁皮制成，直径约 20 厘米的浅圆盘，底部略微外凸。将粉糊放入后，将盘浮于锅中的开水上面，并拨动使之旋转，使粉糊受到离心力的作用随之由盘中心向四周均匀地扩散摊开，同时受热而按旋转盘底部的形状和大小糊化成型。待粉糊中心无白点时，连盘从锅中取出，置于清水中，冷却片刻后再将成型的粉皮脱出放在清水中冷却。在成型操作中，调粉缸中的粉糊需不时搅动，使稀稠均匀。成型是加工粉皮的关键，必须动作敏捷、熟练，浇糊量稳定，旋转用力均匀，才能保证粉皮厚薄一致。

（3）冷却、漂白

粉皮成熟后，取出放到冷水缸中，浮旋冷却，然后捞起，沥去浮水。放入醋浆中漂白，也可放入含有二氧化硫的水中漂白。漂白后捞出，再用清水漂洗干净。

（4）干燥

把漂白、洗净的粉皮摊放到竹匾上，放到通风干燥处晾干或晒干。

（5）包装

待粉皮晾干后，用干净布擦去粉皮上的尘土，再略经回软后叠放到一起，即可包装为成品。

（二）机制粉皮（流水线制作粉皮）

机制粉皮是由一套连续作业的设备制成。该设备由几部分组成，包括调浆机、成型金属带、蒸箱、冷却箱、刮刀、金属网带干燥装置、切刀、传动机构、蒸箱供热系统和烘箱供热系统等。

1. 工艺流程

调糊→定型→冷却→烘干→切条→包装。

2. 操作要点

（1）调糊

取含水量为 45%～50% 的湿淀粉或小于 13% 的干淀粉（马铃薯淀粉和甘薯淀粉各占 50%）。黏度较高的甘薯淀粉占总淀粉量的 4%，用 95℃ 的开水打成一定稠度的熟糊，用 40 目筛滤网过滤后加入淀粉中，再用干淀粉重量 1.5～2.0 倍的温水缓缓加入，并不断搅拌成糊，加入明矾水（明矾用量为 100 千克淀粉加明矾 300 克）、食盐水（食盐用量为每 100 千克淀粉加食盐 150 克）搅拌均匀，调至无粒块为止。将制好的淀粉糊置入均质桶中待用。

（2）定型

机制粉皮的成型是采用一环形金属带，淀粉糊由均质桶漏入漏斗槽，进入运动中的金属带上（粉皮的厚薄可通过调整带速和漏斗槽处的金属带的倾斜角度进行调节）。淀粉糊附着在金属带上进入蒸箱（用金属带组成的加热箱，可利用蒸汽或烟道气加热使水升温至 90~95℃）成型。水温不能低于 90℃，以免影响粉皮的产量和质量；但也不能过高，否则使金属带上的粉皮起泡，影响粉皮的成型。

（3）冷却

粉皮采用循环冷水，利用多孔筛（管径为 10 毫米，孔径 1 毫米）将水喷在金属带中粉皮的另一面上，起到对粉皮进行冷却的作用（从金属带上回流的水由水箱流出，冷却后循环使用）。冷却后的湿粉皮与金属带间形成相对位移，利用刮刀将湿粉皮与金属带分离进入干燥的金属网带。为了防止粉皮粘在金属带上，需用油盒向金属带上涂少量的食用油。

（4）烘干

湿粉皮的烘干，是利用一定长度的烘箱（20~25 米）、多层不锈钢网带（3~4 层，带速同金属带基本同步），以 125~150℃的干燥热气（采用散热器提供热源），通过匀风板均匀地将粉皮烘干。由于网带的叠置，粉皮在干燥中不易变形。

（5）切条

粉皮在烘箱中烘至八成干时（在第三层），其表面黏度降低，韧性增加，具有柔性，易于切条。可利用组合切刀（两组合或四组合），根据粉皮的宽窄要求，以不同速度切条。速度高为窄条，速度低为宽条。切条后的粉皮送进烘箱外的最后一层网带冷却。

（6）包装

将冷却后的粉皮，按照外形的整齐度、色泽好坏分等级包装，即为成品。

七、马铃薯纤维

马铃薯在加工制取淀粉或粉条时产生大量的废渣。马铃薯渣中含有丰富的膳食纤维，将其进行加工可制成具有保鲜、保健、抗癌作用的膳食纤维，变废为宝。

（一）原料

马铃薯渣、α-淀粉酶、硫酸、碳酸氢钠、双氧水（过氧化氢）。

（二）工艺流程

马铃薯渣→除杂→加 α-淀粉酶酶解→酸解→碱解→功能化→漂白→干燥→超微粉碎→成品→包装。

（三）操作要点

取已提过淀粉的马铃薯废渣进行除杂、过筛，用水漂洗湿润，过滤。

经漂洗过滤的马铃薯渣用热水再漂洗，除去泡沫。用一定浓度的 α-淀粉酶在水浴 50~60℃ 温度下加热，搅拌水解 1 小时，过滤，用温水洗涤。洗涤物进行硫酸水解。

将酸解后的渣用水反复洗涤至中性，再用一定浓度的碳酸氢钠进行碱解。

将已经碱解的渣用去离子水反复洗涤后放在有气孔的盘中，置于距水面 3~4 厘米、200~400 千帕的高压釜中进行蒸汽蒸煮。一定时间后急剧冷却，使纤维破裂，增加水溶性成分，既达到灭酶效果，又进行了功能化。

经过上述处理的产品颜色较深，需要漂白。选用 6%~8% 双氧水在 45~60℃ 的条件下进行漂白 10 小时。漂白后用去离子水洗涤、脱水，置于 80℃ 的鼓风式烘箱中干燥至恒重。最后粉碎成粒径 80~120 目（0.125~0.180mm）的颗粒，即为膳食纤维成品，经包装入库或上市。质量要求：制品外观白色，持水力为 800%，膨胀力为（20℃时）初始 5 毫升经 24 小时达到 12 毫升，水溶性纤维 12%，总纤维 76.4%。

第二节　马铃薯糖制品

一、葡萄糖浆

采用全酶生产葡萄糖浆（全糖）时，糖化液中含葡萄糖为95%～97%（以干基计），其余为低聚糖。产品纯度高，甜味纯正，适用于食品工业。产品可经喷雾干燥制成颗粒状，也可冷凝成块状，然后再粉碎成粉末状，成为粉末葡萄糖。全糖质量虽然低于结晶葡萄糖，但工艺简单，成本低。

（一）原料

马铃薯淀粉、碳酸钠溶液、乙酸钙、液化酶、盐酸、糖化酶、活性炭、α-葡萄糖晶种。

（二）工艺流程

马铃薯淀粉制成乳→加液化酶液化→加糖化酶糖化→过滤澄清→活性炭脱色→离子交换→浓缩→干燥→成品。

（三）操作要点

先将淀粉调制成21波美度的淀粉乳，用碳酸钠溶液调pH达6.0～6.5，加入乙酸钙调节钙离子浓度到0.01摩尔/升，加入液化酶，用泵均匀输入喷射液化器中进行糊化、液化。淀粉浆的温度从35℃升至148℃，经过液化的淀粉浆由喷射液化器下方卸出，送入保温罐中，在85℃时再把剩余的酶加入，放置20～30分钟，冷却后转入糖化工序。

经过液化的浆液，降温到60℃左右，用盐酸调节pH到4.0～4.3，加入所需糖化酶，充分混合均匀，保持60℃左右进行糖化。糖化作用时间需48～60小时，糖化后要求还原糖当量（DE）达97～98。

糖化液中含有一些不溶性的物质，须通过过滤器除去。过滤采用回转式真空过滤器，在使用前先涂一层助滤剂，然后将糖液泵入过滤器中进行过滤，所得滤液清澈，收集于贮罐中，等待脱色。

将糖液用泵送到脱色罐内，加热至 80℃，加入活性炭搅拌均匀，脱色时间为 20～30 分钟。然后打入回转式真空过滤器中进行过滤，除去活性炭，过滤液收集于贮罐内。

离子交换柱设有三套，其中两套连续运转，一套更换备用。每一套交换柱可连续运转 30 小时。经脱色的糖液由上至下流过，进行离子交换除去糖液中的离子型杂质（如无机盐、氨基酸）和色素，成为无色透明的液体。

将交换后的糖液送入浓缩蒸发器中进行浓缩，通过浓缩使葡萄糖液的浓度从 35% 提高到 54%～67%，即为糖浆。如果需用固体结晶葡萄糖，可进行喷雾干燥制得。

将 67% 的浓缩糖浆中混入 0.5% 含水 α-葡萄糖晶种，在 20℃ 下结晶，保持缓慢搅拌 8 小时左右，此时糖液中有 50% 结晶析出。所得糖膏具有足够的流动性，仍能用泵输送到喷雾干燥器中，经喷雾干燥后含水分 9%，即为成品。

二、饴糖

饴糖又称糖稀、麦芽糖、米稀、山芋稀等，是用碎大米、小米或薯类为原料，经过淀粉酶或大麦芽酶的水解或用酸法水解而制成的。成品中麦芽糖含量在 50% 以上，其次为糊精。所以饴糖的主要成分为麦芽糖和糊精。因原料的不同，生产出的饴糖组成也有差异。

采用马铃薯渣制取饴糖，可变废为宝。其加工方法介绍如下。

（一）原料

马铃薯渣、大麦、谷壳。

（二）工艺流程

麦芽制备→配料、糊化→糖化→熬制→饴糖成品。

（三）操作要点

将大麦在清水中浸泡 1~2 小时，水温保持在 20~25℃，将大麦捞起，放在 28℃ 的室内进行发芽，每天洒水 2 次。4 天后麦芽长到 2 厘米以上即可。

将马铃薯渣研碎、过筛，加入 25% 的谷壳，把 8% 的清水洒在配好的原料上，拌匀后放置 1 小时。然后将混合料分 3 次上笼屉蒸制糊化，第一次加料 40%，上蒸汽后加料 30%，再次上汽后加入余下的混合料，从蒸汽上来时计算，蒸制 2 小时。

配料蒸好后放入桶中，加入适量浸泡过麦芽的水拌匀。温度降至 60℃ 时，加入制好的麦芽，其用量为料重的 10%，拌匀，倒入适量麦芽水，待温度降至 54℃ 时，保温 4 小时（加入 65℃ 的温水保温），充分糖化后，将糖液滤出。

将滤出的糖液放入锅内，加热浓缩，开始火力要猛，随着糖液逐渐浓缩，火力逐渐减弱，并不停地搅拌，以防焦化。最后以小火熬制，浓缩到糖液为 40 波美度时，即成饴糖成品。

第三节　马铃薯食品

一、马铃薯薯条

（一）工艺流程

选料→清洗切条→薯条处理→油炸。

（二）制作要点

1. 选料

选择外观呈长条形、表面光滑、芽眼少、淀粉含量较高的马铃薯作为原料。

2. 清洗切条

将马铃薯洗净、去皮后，用刀切成横截面为 1 厘米×1 厘米的长条。

3. 薯条处理

将切好的马铃薯条用水略洗后，沥干水分。然后将马铃薯条放入盆中，加入玉米粉拌匀，让马铃薯条表面沾上薄薄的一层玉米粉。

4. 油炸

加热油锅至约160℃，将处理好的马铃薯条下锅炸约1分钟，至表面略变硬定型即捞起。将油锅加热至约180℃后，再将初炸的薯条下锅，以中火炸约1分钟至表面金黄酥脆起锅、沥干油分，食用时可依喜好搭配蘸酱食用。

二、马铃薯薯片

（一）工艺流程

选料→清理与洗涤→去皮→切片与漂洗→脱水→油炸→调味→冷却、包装。

（二）制作要点

1. 选料

选择块茎形状整齐、大小均一、表皮薄、芽眼浅而少、淀粉和总固形物含量高、还原糖含量低的马铃薯作原料。一般马铃薯还原糖含量在 0.5% 以下（一般为 0.25%～0.3%）、干物重以14%～15%为较好。如果还原糖含量过高，油炸时易褐变。

2. 清理与洗涤

首先将马铃薯倒入进料口，在输送带上拣去烂薯、石子、沙粒等。清理后，通过提升斗送入洗涤机中洗净表面泥土污物后，再送入去皮机中去皮。

3. 去皮

采用碱液去皮法或用红外线辐射去皮，效果较好。摩擦去皮组织损失较大，而蒸汽去皮又常会产生严重的热损失，影响最终的产品质量。经去皮的块茎还要水洗，然后送到输送机上进行挑选，挑除未剥掉皮的及碰伤、带黑点和腐烂的不合格薯块。

4. 切片与漂洗

切片厚度要根据块茎品种、饱满程度、含糖量、油炸温度或蒸煮时间来定。注意力求切片厚度一致，防止因切片厚度不一，造成产品颜色不均。切好的薯片可进入旋转的滚筒中，用高压水喷洗，洗净切片表面的淀粉。洗好的薯片放入护色液中护色。漂洗的水中含有马铃薯淀粉，可以收集起来制取马铃薯淀粉。

5. 脱水

漂洗后的切片送入离心脱水机内将附在马铃薯片表面的水分甩掉。

6. 油炸

马铃薯片的油炸，可以采用连续式生产和间歇式生产。若产量较高多采用连续式深层油炸设备，该设备的特点是能使物料全部浸没在油中，连续进行油炸。油的加热是在油炸锅外进行的，具有液压装置，能把整个输送器框架及其附属零件从油槽中升起或下降，维修十分方便。

实验证明，在较低温度下油炸，马铃薯表面起泡，内部沾油、颜色较深，而在高温下则无此现象。因此，油炸温度一般控制在180～190℃，不能高于200℃，油炸时间一般不宜超过1分钟。对不同批次的马铃薯片应进行检查并作必要的调整。

在生产过程中，炸制油要经常更换，马铃薯片吸油很快，必须不断地加入新鲜油，每 8~10 小时彻底更换 1 次。另外，炸制用油在用过一段时间后应当过滤，以除去油中炸焦的淀粉颗粒和其他炸焦的物质，以防影响油炸薯片的味道和外观。

7. 调味

对炸好的马铃薯片应进行适当的调味。当马铃薯片用网状输送器从油炸锅内提升上来时，装在输送器上方的调料斗应撒上适量的盐与马铃薯片混合，添加量为 1.5%~2%。根据产品的需要还可添加些味精，或将其调制成辛辣、奶酪等风味。另外，马铃薯片在油炸前用生马铃薯的水解蛋白溶液浸泡一下，亦可改进其风味。

8. 冷却、包装

马铃薯片经油炸、调味后，就在皮带输送机上冷却、过磅、包装。包装材料可根据保存时间来选择，可采用涂蜡玻璃纸、金属复合塑料薄膜袋等进行包装，亦可采用充氮包装。

三、脱水马铃薯丁

脱水马铃薯丁是一种高质量的马铃薯食品，在食品市场上的地位越来越重要，可用于各种食品如罐头肉、焖牛肉、冻肉馅饼、汤类、马铃薯沙拉等中。

（一）工艺流程

选料→原料清洗→去皮→切丁→漂烫→化学处理→脱水干燥→分类筛选→包装。

（二）制作要点

1. 选料

在加工脱水马铃薯丁时应选择薯块大小均匀、表皮光滑、没有发芽的薯块，除掉因轻微发绿、霉烂、机械损伤或其他病害而不适宜加工的马铃薯，同时由于在脱水的情况下，氨基酸与糖可能发生反应，引起褐变，因此应采用还原糖含量低的品种。固形物含量高的原料制成脱水马铃薯丁，能表现出优良的性能。各类马铃薯的密度有很大的不同，密度大的原料具有优良的烹饪特性。在选料时应综合考虑以上因素。

2. 原料清洗

将选择好的马铃薯清洗干净，除去其上黏附的泥土，减少污染的微生物。

3. 去皮

生产中可用蒸汽去皮或碱液去皮法，较原始的方法是用蒸汽去皮，这种方法可减少去皮损失，较先进的方法是采用碱液去皮，后者会更经济和适宜些。

马铃薯去皮时使用蒸汽或碱液常常能加剧其褐变的发生。在马铃薯的边缘，尤其是维管束周围出现变黑的反应物，比其他部分更集中些。变色的程度取决于马铃薯暴露在空气中的程度。因此应尽量减少去皮马铃薯暴露在空气中的时间，或者向马铃薯表面淋水，或者将马铃薯浸于水中，这样就可以减少变色现象。若其变色倾向严重时，可采用二氧化硫和亚硫酸盐等还原化合物溶液来保持马铃薯表面的湿润。

4. 切丁

切丁前要进行分类，拣除不合格薯块。在进行清理时，必须注意薯块在空气中暴露的时间，以防止其发生过分的氧化，同时通过安装在输送线上的一个个喷水器，不断地喷水，保持马铃薯表面的湿润。

马铃薯块切丁是在标准化的切丁机里进行的，将马铃薯送入切丁机的同时需加入一定流量的水以保持刀口的湿润与清洁。被切开的马铃薯表面在漂烫前必须洗干净。马铃薯丁大小应根据市场及食用者的要求而定。

5. 漂烫

马铃薯块茎中包含有大量的酶，这些酶在马铃薯的新陈代谢过程中起着重要的作用。有的酶可以使切开的马铃薯表面变黑，有的参与碳水化合物的变化，有的酶则使马铃薯中的脂肪分解。用加热或其他一些方法可以将这些酶破坏或使其失去活力。漂烫还可以减少微生物的沾染。马铃薯丁在切好后，加热至 94～100℃进行漂烫。漂烫是在水中或蒸汽中进行的。用蒸汽漂烫时，将马铃薯丁置于不锈钢输送器的悬挂式皮带上，更先进的是放入螺旋式输送器中，使其暴露在蒸汽中加热。在通常情况下，蒸汽漂烫所损失的可溶性固形物比水漂烫少，这是由于用水漂烫时，马铃薯中的可溶性固形物质都溶在了水中。

漂烫时间从 2 分钟到 12 分钟不等，视所用温度高低、马铃薯丁大小、漂烫机容量、漂烫机内热量分布是否均匀以及马铃薯品种和成熟度等而异。漂烫程度对成品的质地与外观有明显影响，漂烫过度会使马铃薯变软甚至成糊状。漂烫之后要立即喷水冲洗除去马铃薯表面的胶状淀粉，以防止其在脱水时出现粘连现象。

6. 化学处理

马铃薯丁在漂烫之后，需立即用亚硫酸盐溶液喷淋。用亚硫酸盐处理后的马铃薯丁，在脱水时允许使用较高的温度，这样可以提高脱水的速度和工厂的生产能力，在较高的温度下脱水可产生质地疏松的产品，而且产品的复水性能好，还可以防止其在脱水时产生非酶褐变与焦化现象，有利于产品贮藏。但应该注意产品的含水量不能过高，否则会使亚硫酸盐失效。成品中二氧化硫的含量不得超过 0.05%。

氯化钙具有使马铃薯丁质地坚实、避免其变软和控制热能损耗的效果。当马铃薯丁从漂烫机中出来时,立即喷洒含有氯化钙的溶液,可以防止马铃薯丁在烹调时变软,并使之迅速复水。但在进行钙盐处理时,不能同时使用亚硫酸钠,以免产生亚硫酸钙沉淀。

7. 脱水干燥

脱水速度影响到产品的密度,脱水速度越快,密度也越低。通过带式烘干机脱水,可以很方便地控制温度、风量和风速,以获得最佳产品。在带式烘干机上,产品的温度从135℃逐渐下降到79℃一般约需1小时,要求水分降低到26%~35%;从89℃逐渐下降到60℃,为2~3小时,要求水分降低至10%~15%;从60℃降到37.5℃,为4~8小时,水分降到10%以下。随着现代新技术的发展,使用微波进行马铃薯丁脱水,效果好、速度快。在几分钟内,即可使马铃薯丁的含水量下降到2%~3%。快速脱水还会产生一种泡沫作用,对复水很有好处。马铃薯中的水分透过表面迅速扩散,可以防止因周围空气干燥而伴随产生的表面变硬现象。

8. 分类筛选

产品在脱水后要进行检查,将变色的马铃薯丁除掉。可用手工拣选,也可用电子分类拣选机。加工过程中,成品中总会夹杂着一些不合要求的部分,如马铃薯皮、黑斑块、黄化块等,使用气动力分离机进行除杂拣选,可使产品符合规定,保持其大小均匀,没有碎片和小块。

9. 包装

包装一般多采用牛皮纸袋包装,亦可用盒、袋、蜡纸包装。

四、马铃薯白酒

(一) 工艺流程

原料选择和处理→蒸煮、出锅→培菌→发酵→蒸馏。

(二) 操作要点

1. 原料选择和处理

选用无霉烂、无变质的马铃薯。用水洗净，除去杂质，用刀均匀地切成手指头大小的块。

2. 蒸煮、出锅

向铁锅中注入清水，加热至90℃左右，倒入马铃薯块，用木锨慢慢搅动，待马铃薯变色后，将锅内的水放尽，再闷15～20分钟出锅。马铃薯不需要蒸煮全熟，以略带硬心为宜。

3. 培菌

马铃薯出锅后，要摊凉，除去水分，待温度降至38℃后，加曲药搅拌。每100千克马铃薯用曲药0.5～0.6千克，分3次拌和，拌和完毕装入箱中，用消过毒的粗糠壳浮面（每100千克马铃薯约需10千克粗糠壳），再用玉米酒糟盖面（每100千克马铃薯约用50千克酒糟），培菌时间一般为24小时，当用手掐料有清水渗出时，摊凉冷却。夏季冷却到15℃，冬季冷却到20℃，然后装入桶中。

4. 发酵

装桶后盖上塑料薄膜，再用粗糠壳密封，踏实。发酵时间为7～8天。

5. 蒸馏

通过蒸馏，将发酵成熟的醅料中的乙醇、水、高级醇、酸类等有效成分蒸发成蒸汽，再经冷却即可得到白酒。

按照上述方法酿造的马铃薯酒，度数为56°左右，每100千克马铃薯可出酒 10~15 千克，出酒率为 10%~15%。

五、土豆丝饼

土豆丝饼是小吃，制作原料主要有马铃薯、干面粉、盐等，口味鲜美，营养丰富，易于消化吸收。

马铃薯去皮，直接擦成丝进入水里，这样可防止马铃薯变色，和面糊时也不需要再加清水。加孜然、咖喱粉、盐，再加入淀粉或面粉、香葱拌匀。热锅加一小勺油，摊入适量的面糊晃匀，中火加热 3 分钟。翻转一面，继续加热 3 分钟。待土豆饼两面金黄熟透即可。搭配蘸料食用口味更佳。

六、洋芋擦擦

洋芋擦擦是陕北、山西晋西，甘肃陇东、陇南等地的汉族传统面食之一，属天然绿色食品，一年四季均可食用。洋芋擦擦色泽金黄，既有土豆的清香，又有薯条的口感和嚼头。

马铃薯裹荞麦粉蒸了后再炒出来，遵循了西北菜少油不少盐的风格。

马铃薯洗净去皮，擦成丝（粗丝、细丝随自己喜好）。擦好的马铃薯丝用清水清洗，再浸泡十分钟，沥干水分后倒入较大的盆里，筛入面粉，翻拌均匀，然后调入盐和十三香拌匀。把裹好面粉的马铃薯丝装入盘子里，然后上屉蒸熟。食用时，盛入大碗，调入蒜泥、辣面、酱、醋、葱油或香油，再拌上自制的番茄酱即可食用。如用炒锅快火炒出，其味更佳。

七、洋芋津津

洋芋津津是西北地区的一道马铃薯小吃美食。

马铃薯削皮磨成泥状，加少量面粉混合均匀，加面粉的目的是避免土豆泥太稀。锅里放油，把磨好的土豆泥放锅里煎成饼，厚薄由自己喜好来定，煎至两面金黄即可。

制作完成的洋芋津津有两种吃法。第一种是拌着吃。就像吃酿皮一样，调入醋、辣椒油、蒜泥、韭菜末等搅拌均匀吃，一口吃下去不仅能品尝到调料的香味而且还能感受到洋芋津津那种酥脆筋道的口感。第二种是炒着吃。把煎好的饼放凉后切成条状，青椒切丝，小葱切段，锅里放油烧热，下青椒，然后下饼，炒热后放盐、味精等调味，出锅前撒入小葱末增加香味。也可以根据自己的口味，加入孜然和辣椒面等。

八、洋芋搅团

洋芋搅团，一种以马铃薯为主要原材料的传统小吃，流行于甘肃、陕西、四川、贵州、云南的部分地区。甘肃称为洋芋搅团，贵州云南称为洋芋粑粑。甘肃省武都区有俗语："要想吃好饭，洋芋砸搅团。"

制作洋芋搅团，要选干旱砂石地里种植的马铃薯，因为这样的马铃薯水分少而淀粉多。做洋芋搅团须经过"洗、煮、剥、晾、打、调" 6 道工序。煮是制作洋芋搅团的重要工序，煮得如何，直接影响搅团的口感。煮时，水要适中，水太少洋芋会煮焦，水太多会把洋芋煮成"水包子"。火候也要把握好，刚开始用大火煮至七成熟时，改用慢火煮。煮熟后趁热剥皮，在案板上放至温热。温度太高砸出来黏性不好，温度太低砸时会很费劲。砸洋芋搅团有两样工具，一个木槽或石臼、一把木槌。将洋芋丢入木槽或石臼，先用木槌揉搓，待洋芋揉至没有块状物时，再使劲儿捶打。砸好的搅团柔韧劲道，一提木槌，会整个提起来。

洋芋搅团吃法较多。甘肃地区洋芋搅团多配酸菜。酸菜用油加葱和调料炒成，加水煮沸成为带浆水的菜汤。大蒜末、辣椒面用热油泼好，韭菜切细盐腌备用。先在碗中盛小半碗洋芋搅团，再将带汤的酸菜舀入碗内，依次加大蒜末、油辣椒、韭菜。搅团柔软筋道，菜汤酸辣可口，食之余味无穷。

　　洋芋搅团也可用煮好的醋水，加油泼大蒜末、辣椒、韭菜等食用。喜欢吃热食的朋友或老年人，还可先将搅团用铲子铲成片状放入酸菜汤中煮一下，再捞出后调入蒜末、油辣椒、韭菜等食用。

参考文献

崔杏春，2010. 马铃薯良种繁育与高效栽培技术［M］. 北京：化学工业出版社.

戴冠明，何斌，2018. 马铃薯规模生产与加工技术［M］. 北京：中国农业大学出版社.

官春云，2011. 现代作物栽培学［M］. 北京：高等教育出版社.

李保明，2016. 水肥一体化实用技术［M］. 北京：中国农业出版社.

刘海河，张彦萍，2021. 马铃薯高产栽培关键技术问答［M］. 北京：化学工业出版社.

宋志伟，2016. 粮经作物测土配方与营养套餐施肥技术［M］. 北京：中国农业出版社.

王田明，曹慧明，2019. 马铃薯生产技术与病虫草害防治图谱［M］. 北京：中国农业科学技术出版社.

魏章焕，张庆，2015. 马铃薯高效栽培与加工技术［M］. 北京：中国农业科学技术出版社.

徐文平，曹延明，2014. 马铃薯植保措施及应用［M］. 北京：中国农业大学出版社.

张保东，2012. 图说瓜菜果树节水灌溉技术［M］. 北京：金盾出版社.

郑顺林，2014. 作物高效生产理论与技术［M］. 成都：四川大学出版社.